JN255913

図解 金属3D積層造形のきそ

京極 秀樹　池庄司 敏孝 著

日刊工業新聞社

はじめに

アディティブ・マニュファクチャリング（Additive Manufacturing；AM）と呼ばれる新たな技術が次世代の加工技術として注目されている。本技術は、従来の加工法では不可能な三次元複雑形状品の加工が可能になるとともに、デジタルマニュファクチャリング技術であることから、IoT（Internet of Things；モノのインターネット）などとの整合性がよいため、将来の有力な加工法の１つとして認識されている。

本技術の装置は3Dプリンタと呼ばれることが多く、1980年に名古屋市工業技術研究所・小玉秀男博士による紫外線硬化樹脂を利用した光造形に端を発するといわれている。その後、現在の3Dシステムズ社が開発した光造形装置やストラタシス社が開発した溶融物堆積法（FDM）による装置は試作品の作製技術として発展してきた。

金属については、テキサス大学オースティン校のDeckard氏とBeaman氏により現在のパウダーベッド方式の装置が開発され、当大学のベンチャー育成事業により設立されたDTM社により1992年に初号機が発売された。その後、EOS社により1994年に金属粉末を直接焼結する方法によるパウダーベッド方式の装置が開発された。しかし、当時は、十分な密度と強度を得ることは難しく、新たな金属加工法として認知されなかった。

金属3Dプリンタについては、2000年代後半になって、装置の改良と併せて、高出力ファイバーレーザ、ソフトウェアや粉末の開発もあって、高密度・高強度の造形体が作製できるようになった。本技術に関する基本特許切れによる樹脂用3Dプリンタのブームが起こり、2013年にはアメリカ・オバマ大統領（当時）が一般教書演説で3Dプリンタによる製造業の復活を目指すとして、以後、金属に関する3Dプリンタの利用が加速した。

このような中、我が国においても樹脂用3Dプリンタは普及してきたものの、金属3Dプリンタについては非常に高価であることもあり、導入企業はまだ少ないのが現状である。このため、金属積層造形技術に関する情報が少なく、また学習のためのテキストは、技術研究組合次世代3D積層造形技術総合開発機構（TRAFAM）による「設計者・技術者のための金属積層造形技術入門」のみである。

本書は、ページ数にも限りがあり、レーザによるパウダーベッド方式の金属積層造形技術を中心に述べているため、金属積層造形技術を網羅的に紹介しているTRAFAMのテキストも大いに参照願いたい。

本書は、金属積層造形技術に関する理解を深めるために、基盤となる原理・基礎理論を記述するとともに、実際に装置利用に関わる内容もできるだけ具体例を示して記述している。第1章ではAM技術の概要、第2章で粉末特性と造形方式、第3章では金属積層造形プロセス、第4章ではプロセス現象の解析、第5章では造形条件の探索と材料評価、第6章では製品設計の考え方と適用事例、終章では次世代型3Dプリンタによる“ものづくり”について述べている。一部、TRAFAMプロジェクトで得られた内容を引用している。TRAFAM事務局並びに組合員各位に深謝の意を表す。

本書が、読者のAM技術の理解に役立ち、我が国におけるAM技術の展開に寄与できれば幸いである。

最後に、本書執筆にあたり多くの資料を提供していただいた関係者の皆様、また資料作成に協力していただいた近畿大学次世代基盤技術研究所研究員・米原牧子博士、TRAFAM近畿大学広島分室研究員・中村和也氏、近畿大学大学院システム工学研究科大学院生・今井堅君、立花悠介君に深謝の意を表す。さらに、このような機会を与えてくださり、発刊に際しご尽力いただいた日刊工業新聞社出版局・原田英典氏、土坂裕子氏ならびに関係各位に深く感謝する。

2017年10月　　　　京極 秀樹、池庄司 敏孝

目　次

序　章

本章では、3D プリンタの生い立ちや金属積層造形技術の変遷、著者のこれまでの金属積層造形技術への取組みなどを紹介する。

3D プリンタが実現する新たな“ものづくり”

宇宙ステーションあるいは月や火星で人類が生活するためには、まず宇宙線を避け、空気のある空間、すなわちシェルターを作る必要がある。すでに、アメリカ航空宇宙局（NASA）では月におけるシェルターを 3D プリンタで作る構想がある。

このように、3D プリンタは新たな“ものづくり”における有望な加工法として、航空宇宙分野はもちろんのこと、自動車分野、建築分野など様々な分野での活躍が期待されている。また、バイオプリンティングのように細胞を積層して臓器を作り出すことも試みられているが、まだ実用化には時間がかかりそうである。

さて、積層造形は、**図 1** に示すように粘土紐を積み上げて作る縄文時代の土器製造方法もその 1 つだ。現在の 3D プリンタの原型といってもよい。1979 年に発表された東京大学の中川威雄名誉教授の積層金型技術は、金属材料を利用した点では先駆的であった。

このように古くから、いろいろな分野で積層造形は行われてきた。第 1 章でも紹介するが、現在の 3D プリンタのもとは、名古屋市工業技術研究所の小玉秀男博士の紫外線硬化樹脂を使った光造形が始まりといわれている。**図 2** に造形体を示す。

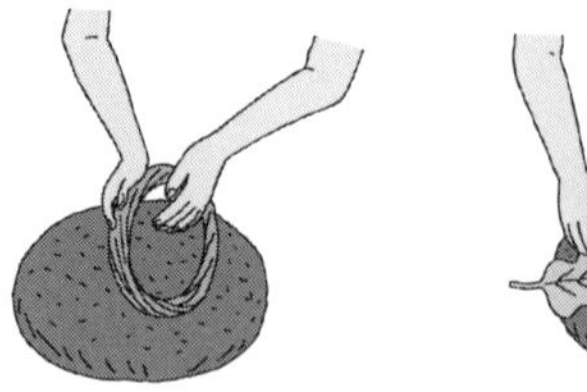
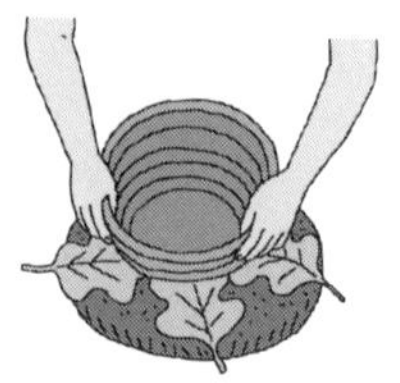

図 1　縄文土器の作り方

（小玉秀男、「3次元情報の表示法としての立体形状自動作成法」、電子通信学会論文誌より）

図2 小玉秀男博士の造形物

小玉博士は特許出願したものの、審査請求を行わなかったために、日本では多くのメーカーが光造形による装置開発を行い、最終的にはシーメットが事業を継続してきた。これに対して、アメリカでは、1986年にChuck Hull氏が基本特許を取得し、3Dシステムズ社を設立して光造形装置を製品化し、3Dプリンタの礎を作った。

金属については、テキサス大学オースティン校でDeckard氏が研究開発を進め、その後Beaman氏らがパウダーベッド方式の装置開発を行った。当時は、炭酸ガス（CO_2）レーザが用いられており、いわゆる溶融凝固型の実験装置は、チャンバーが非常に小さいことから、部屋全体にレーザ発振装置がある状況であった（**図3**）。

2000年頃には、我が国では大阪大学の小坂田宏造先生のグループが金属積層造形について研究していた。毎年テキサス大学オースティン校で開催されているSFF（Solid Freeform Fabrication）シンポジウムに、2002年にはこのグループからも数人が参加し、日本においては金属積層造形の先駆的役

図 3　2001 年に留学した当時の Ramos 博士（現在、チリカトリック大学教授）と著者の 1 人、京極（左図の右側）および金属積層造形装置（テキサス大学オースティン校）（右図）

割を果たされた。また、現在も金型分野で活躍する九州工業大学の楢原弘之先生も参加されていた。

著者の 1 人（京極）は、2001 年から 2002 年の 1 年間の留学から帰国後の 2003 年には、古い YAG レーザ加工機（**図 4**）を使って、樹脂粉末を利用して成形した成形体を焼結して引張試験片の造形体（**図 5**）を作製し、SFF シンポジウム 2003 で発表した。

その後、小型の粉末積層造形装置を開発し、2006 年には経済産業省の補助金によりアスペクト社と 50 W のファイバーレーザを搭載したパウダーベッド方式*の金属積層造形装置を開発した（**図 6**）。

当時は、ファイバーレーザが出始めで、金額的にも高額であった。そのため、50 W のファイバーレーザしか購入できなかったこと、またアルミニウム合金粉末が異形状であったことなどが原因となり、高密度の造形体を作製できなかった。この装置で作製した例として、アルミニウム合金製自動車用

＊パウダーベッド方式：金属や樹脂粉末を敷き詰めたパウダーベッドにレーザや電子ビームを照射し、選択的に溶融させて造形する方法。

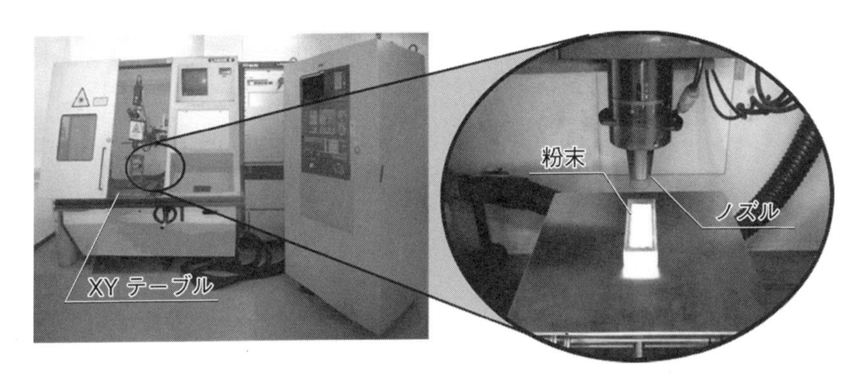

図4　積層造形に利用したYAGレーザ加工機

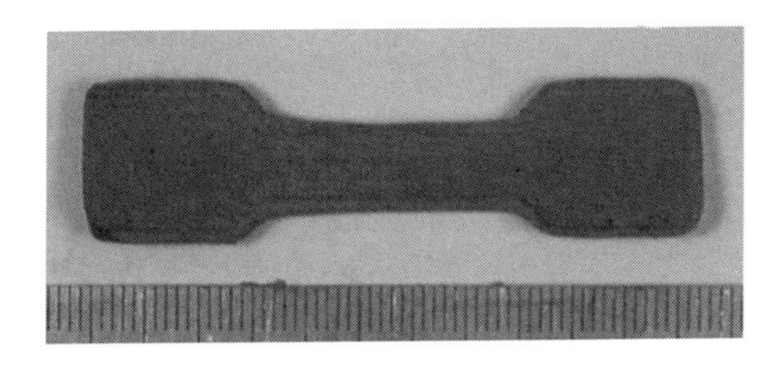

図5　引張試験片

オートマチックトランスミッション部品の造形体を紹介する（**図7**）。

その後の金属積層造形装置の発展は、第1章に記すように、ファイバーレーザの高出力化と低コスト化、この技術に相応しい金属粉末の開発およびソフトウェア開発によるところが非常に大きく、現在の高性能な金属積層造形装置の開発につながっている。

このような装置開発、金属粉末の開発やソフトウェア開発が相まって、2013年のアメリカのバラク・オバマ大統領（当時）の一般教書演説以後、アメリカはもちろんのこと、ヨーロッパ、中国など各国でプロジェクトが立ち上がった。我が国においても、2014年度より経済産業省直轄の技術研究

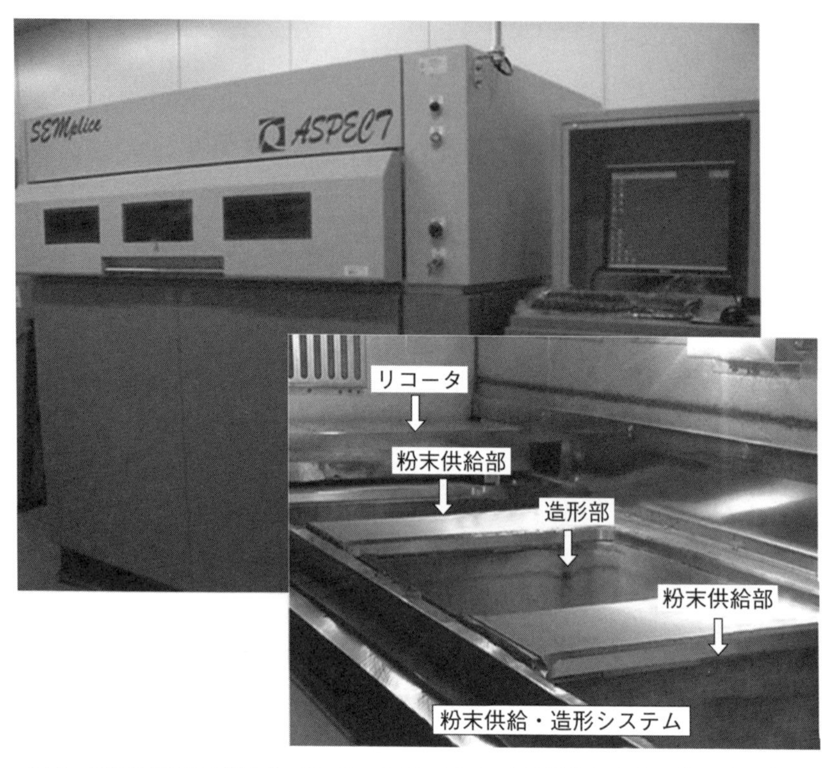

図6　経済産業省の補助金（2006〜2007年）により製作した金属積層造形装置

組合次世代3D積層造形技術総合開発機構（TRAFAM）が設立され、金属3Dプリンタ開発を中心としたプロジェクトが行われている。

一方、世界に目を向けると、2013年以降の金属積層造形技術の動きには目覚ましいものがある。アメリカの“America Makes”を中心としたプロジェクト、ヨーロッパ各国が連携したプロジェクト、中国の往路プロジェクトなど各国のプロジェクトが開始された。それとともに、GE社をはじめとする航空宇宙関連企業も技術開発に乗り出した。

“America Makes”を中心としたプロジェクトは、ローレンス・リバモア

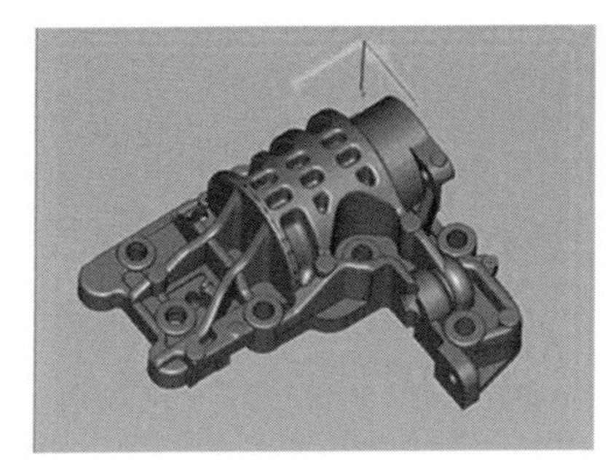

(a) CAD図面

(b) アルミニウム合金造形体

図7　自動車用オートマチックトランスミッション部品のCAD図面と造形体

国立研究所、サンディア国立研究所、オークリッジ国立研究所、さらにはアメリカ標準局（NIST）などのシミュレーションやテストベンチによるモニタリング技術、装置開発に関する基礎研究を一気に推進した。

上記の研究所と連携する大学も一気に増え、パウダーベッド方式だけでなく、デポジション方式*などにおける基礎研究にも従事している。

先ほど紹介した、テキサス大学オースティン校のSFFシンポジウムはBeaman氏らが始めた。毎年、当大学で開催されてきた、この分野における最も古い国際会議だ。このところBourell氏が中心となって運営し、2017年に28回目を迎えた。2015年以降の発表件数や参加者の増加は目覚ましく、2017年にはアディティブ・マニュファクチャリング（Additive Manufacturing；AM）分野だけで約500件の発表がなされるまでに至った。これは、アメリカにおける“America Makes”による研究開発の成果の表れであり、各国のAM技術に対する重要性の認識の表れでもある。

---

*デポジション方式：金属粉末あるいはワイヤを供給しながらレーザや電子ビームを照射し、溶融・堆積して造形する方法。

また、2013年以降、AM技術に関する展示会も活況を呈しており、ドイツ・フランクフルトで開催されていた「EuroMold 2013」(**図8**)では、出展ブースが大幅に増加した。DMG MORIが世界ではじめてAM技術と切削技術を融合したハイブリッド型装置の展示を行い、注目を集めた。2015年より「Formnext」と名称を変えて開催され、新たな装置の発表の場となっている。

一方、アメリカでは「Rapid」(**図9**)という展示会が、ヨーロッパと同様に大きく成長している。我が国においても欧米までとはいかないが、「設計・製造ソリューション展」(リード エグジビション ジャパン主催)や「日

(2013年12月、フランクフルトEuroMold2013会場にて)

図8 EuroMold 2013の会場の様子

（2014年6月、デトロイトRapid会場）

図9　Rapid 2014

本国際工作機械見本市」（JIMTOF、日本工作機械工業会と東京ビッグサイト主催）、「モノづくりマッチングJapan」（日刊工業新聞社主催）などの展示会で装置や製品などが展示され、やっと欧米で展示されていた装置や製品などを見ることができるようになった。

このような動きは、3Dプリンタを中心とした新たな“ものづくり”への期待が大きいことの証左である。我が国においても、TRAFAMによるプロジェクト、SIPプログラム*による革新的設計生産技術に関するプロジェクトが実施され、一部の大学や公設試験研究機関でも研究開発が行われるよう

＊ SIPプログラム：内閣府が主導する国家プロジェクト、戦略的イノベーション創造プログラム（Strategic Innovation Promotion；SIP）。

になってきた。しかし、まだその動きは少ないように思われる。

EPMA（European Powder Metallurgy Association）の Additive Manufacturing グループでは、初心者向けの解説書 “Introduction to Additive Manufacturing Technology”—A guide for Designers and Engineers—を発行しており、AM 技術の普及を図っている。TRAFAM でも、金属積層造形に関する入門書「設計者・技術者のための金属積層造形技術入門」(2016 年) を発行して本技術の普及を図るようにしている（同書籍は書店販売していないので、ホームページ（http://trafam.or.jp）から申し込んでください)。本書がこれらの書籍と併せて金属積層造形技術の開発を推進する一助となることを願うものである。

参考文献

1）京極秀樹，近畿大学次世代基盤技術研究所報告，Vol. 1 (2010), pp. 69-76

2）Y. Imai, H. Kyogoku and K. Shiraishi., "Laser Sintering of Stainless Steel Using Resin Powder", Proc. SFF Symposium2005, Austin, TX, (2003)

3）H. Kyogoku, M. Hagiwara, T. Shinno, "Freeform Fabrication of Aluminum Alloy Prototypes Using Laser Melting", Proc. SFF Symposium2010, Austin, TX, (2010)

第1章

AM技術とは

本章では、アディティブ・マニュファクチャリング（Additive Manufacturing；AM）技術に関する歴史、分類とその特徴について学習し、いわゆる3Dプリンタの利用技術、開発技術に資する基礎的な知識の習得を目指す。

1.1 AM技術の歴史

2009年にASTM* F42委員会が設置され、それまで「ラピッドプロトタイピング、ラピッドマニュファクチャリング」などと呼ばれていた積層造形技術を「アディティブ・マニュファクチャリング（Additive Manufacturing；AM)」と呼ぶことが決定された。この技術は、「a process of joining materials to make objects from 3D model data, usually layer upon layer, as opposed to subtractive manufacturing methodologies」とされており、「3次元造形体を作るために一層一層積み上げていく加工法」と定義されている[1)]。

図1.1に示すAM技術黎明期の歴史[2)]を見ると、1981年の名古屋市工業技術研究所の小玉秀男博士による紫外線硬化樹脂を利用した光造形法が始まりとされている。

1988年に光造形装置が初めて3Dシステムズ社により発売され、1988年には、我が国でシーメットが設立された。同社により光造形装置が開発され、現在に至っている。同年には、樹脂ワイヤを利用した溶融物堆積（FDM）法を開発したストラタシス社が設立された。FDM法は、3Dプリンタの主要な造形方法として利用されている。

その後、様々な方式が提案され、ASTM F42委員会により7つのカテゴリーに分類されている（**図1.2**)。これについては、1.2節で述べる。

金属粉末を利用した装置については、テキサス大学オースティン校の

＊ ASTM：米国材料試験協会（American Society for Testing and Materials）

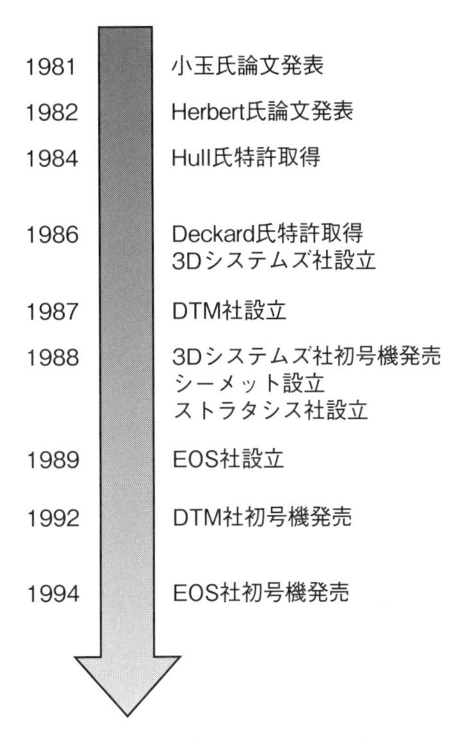

(J. J. Beaman, et al., "Solid Freeform Fabrication", Kluwer Academic Publishers, (1997)をもとに著者作成)

図1.1　AM技術黎明期の歴史

Deckard氏の特許取得により、1987年にDTM社を立ち上げた。1992年に、CO_2レーザを搭載した、粉末を敷き詰めて選択的に焼結あるいは溶融凝固させるパウダーベッド方式の金属積層造形装置が初めて発売された（**図1.3**）。

1989年にEOS社が設立され、1994年に金属積層造形装置を発売した。その後、2002年にはARCAM社より電子ビームを搭載した装置が開発され、パウダーベッド方式がこの分野における主力をなす装置として発展した。

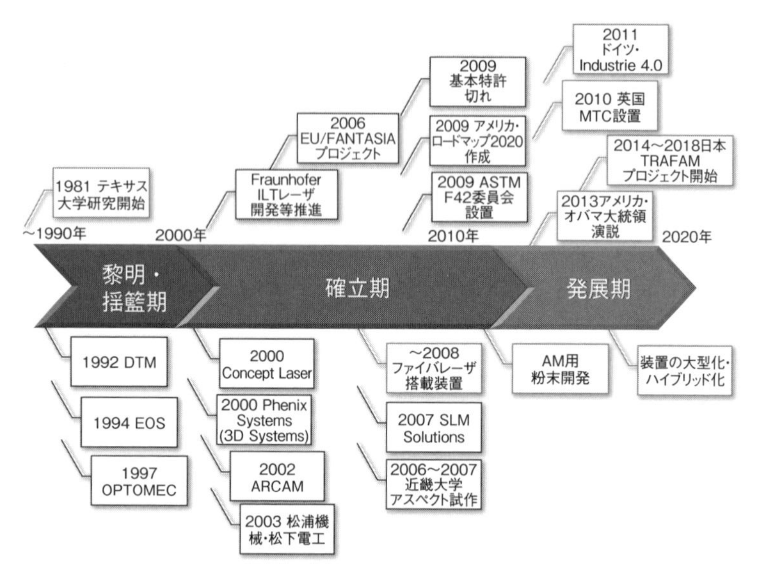

図 1.2　金属 AM 技術の変遷[3)]

また、粉末を噴出させてレーザで溶融凝固させる方式や、ワイヤを電子ビームで溶融凝固させる方式が、1990 年代に相次いで開発され、金属積層造形の分野では主要は方式となってきている。

（テキサス大学オースティン校 Brourell 氏提供）

図 1.3　最初の金属積層造形装置

1.2　分類と概要[4)-7)]

AM技術は、ASTM F42 委員会により、**表1.1**に示す7つのカテゴリーに分類された。その概要を示しておく。

また、**図1.4**に各種積層造形技術の概要を示す。

①バインダージェッティング（結合剤噴射）

石膏、砂、セラミックス粉末などにバインダー（液体結合剤）を噴射し、選択的に造形する方法。

②マテリアルジェッティング（材料噴射）

光硬化樹脂などをインクジェットノズルなどから噴射し、選択的に造形する方法。

③粉末床溶融（パウダーベッド）

金属や樹脂粉末を敷き詰めたパウダーベッドにレーザや電子ビームを照射し、選択的に溶融させて造形する方法。

④指向性エネルギー堆積（デポジション）

金属粉末あるいはワイヤを供給しながらレーザや電子ビームを照射し、溶融・堆積して造形する方法。

⑤シート積層

シート材を所望の形状に切断し、接着や溶接などにより結合して造形する方法。

⑥液槽光重合硬化（光造形）

光硬化樹脂に光を当て、選択的に硬化させて造形する方法。

光重合硬化法は、最も古くから開発されている方式。光硬化樹脂に樹脂の液相面上方から照射する方式と、下方から照射する方式がある。

商用機は3Dシステムズ社から最初に発売され、その後シーメットなど各社からも発売された。最近では、高透明・高耐熱樹脂の造形も可能となっている。

⑦材料押出し（溶融物堆積）

樹脂ワイヤなどの造形材料をノズルやオリフィスから押出して選択的に造形する方法。

材料押出し法は、ストラタシス社により開発された技術で、「FDM（Fused Deposition Model）」と呼ばれていた。

ABS樹脂など熱可塑性樹脂のワイヤをノズルから溶融しながら押出して造形する、最も広く利用されている方式。造形コストも安価である。最近では、金属粉末を混合したワイヤを用いて造形し、脱バインダ後焼結する方法も提案されている。

これらのうち、金属積層造形に用いられるのは、主に粉末床溶融（パウダーベッド）法と指向性エネルギー堆積（デポジション）法であるが、結合剤噴射（バインダージェッティング）法や材料噴射（マテリアルジェッティング）法も利用されてきている。

上述したように、ASTMでは、これらの方式を総称して「AM（アディティブ・マニファクチャリング）」と呼ぶことが決められたが、一般的には「3Dプリンティング」と呼ばれることも多い。

それぞれの方式については、パウダーベッド（Powder Bed Fusion；PBF）方式では、レーザの場合にはSLS（Selective Laser Sintering；選択的レーザ焼結）、SLM（Selective Laser Melting；選択的レーザ溶融）、LBM（Laser Beam Melting；レーザビーム溶融）、DMLS（Direct Metal Laser

Sintering)、電子ビームの場合には EBM（Electron Beam Melting；電子ビーム溶融）などと多くの呼称がある。

デポジション（Directed Energy Deposition；DED）方式では、LMD（Laser Metal Deposition；レーザメタルデポジション）と呼ばれることも多い。

表 1.1　AM 技術の分類[5)]

積層技術	通称	材料	主な用途
バインダージェッティング (Binder Jetting)	結合剤噴射法、インクジェット法	石膏＋バインダー、砂＋バインダー、金属粉末＋バインダー	デザイン、砂型
マテリアルジェッティング (Material Jetting)	材料噴射法、PolyJet 法	光硬化樹脂（アクリレート系、アクリレート/ワックス）	宝飾、歯科、形状確認
粉末床溶融法 (Powder Bed Fusion)	粉末焼結法、SLS、SLM、EBM	PA12（ナイロン 12）、PP 粉末、金属粉末	各種試作分野、航空宇宙分野、医療分野
指向性エネルギー堆積法 (Directed Energy Deposition)	デポジション法、LENS 法、LMD	金属粉末、セラミック粉末	各種試作分野
シート積層法 (Sheet Lamination)	LOM	紙、プラスチックシート	精密鋳造
液槽光重合硬化法 (Vat Photo-Polymerization)	光造形法、SLA	光硬化樹脂（アクリレート系、エポキシ/アクリレートハイブリッド）	各種試作分野、宝飾、歯科
材料押出し法 (Material Extrusion)	溶融物堆積法、FDM	ABS、PC、PLA	試作分野、形状確認、ホビー

（山口修一監修、荻原恒夫、「産業用 3D プリンターの最新技術・材料・応用事例、第 3 章 造形材料開発の最新動向」より著者作成）

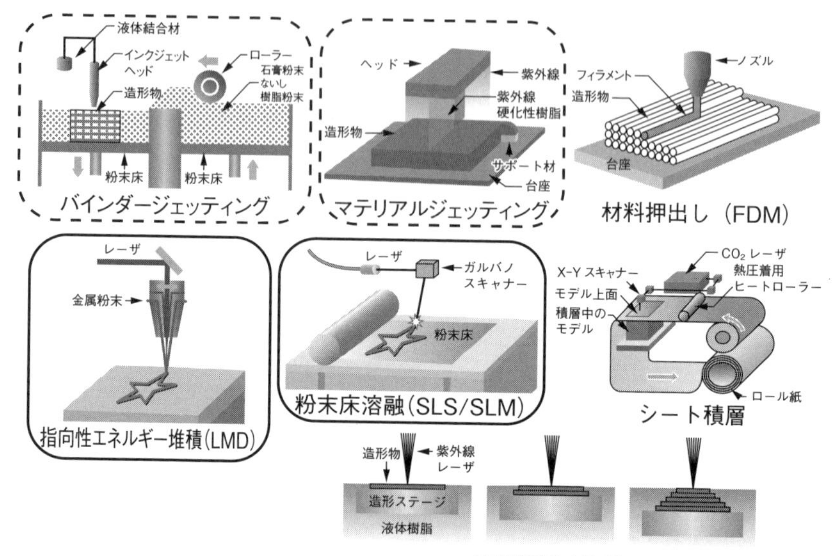

（参考[8]：ecoms, SUS, 42（2015), pp. 37–40 をもとに著者作成）

図 1.4　AM 技術の概要

本書では、基本的に本技術の総称として AM を用いる。しかし、我が国では「積層造形」あるいは「付加製造」という呼び名も使用されており、金属の場合には「金属積層造形」として記述する。

☆ポイント☆

- AM 以外に、3D プリンティング、積層造形、付加製造などと呼ばれる
- AM 技術は 7 つのカテゴリーに分類
- 金属積層造形に用いられるのは、主に粉末床溶融（パウダーベッド）法と指向性エネルギー堆積（デポジション）法

1.3　金属積層造形の特徴[8)]

金属積層造形の特徴はいろいろ挙げられるが、最大の特徴はこれまで他の加工法では作製できなかった形状の製品が作製できることである（図 1.5）。

すなわち、

・他の加工法で難しい三次元複雑形状品の製造ができる
・表面だけでなく内部構造も表現できる
・ラティス（格子）構造体が製造できる
・傾斜構造・複層構造体が製造できる

などである。

特に、トポロジー最適化による形状やラティス構造を有する製品の製造が可能となったことは、今後のものづくりに与える影響は大きい。

また、本技術により製品の製造期間の大幅な短縮や、材質だけでなく構造も変化させた新たな機能材料の創製などが可能となる。

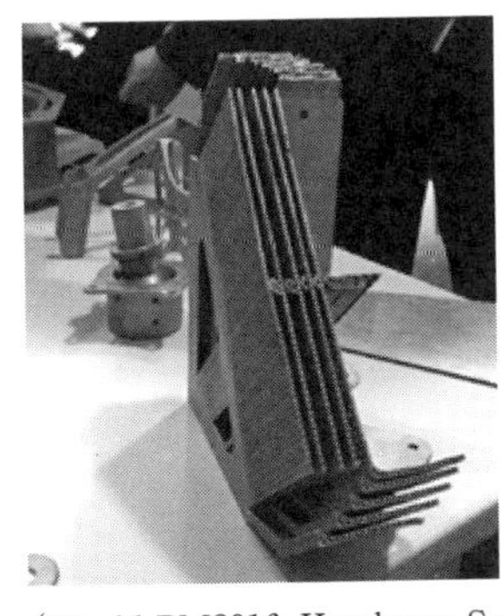

航空機
軽量化部品

（World PM2016, Hamburg, Special Interest Seminar, Airbus Hamburg 社講演展示より）

（マテリアライズ社提供）

図 1.5　金属積層造形による特徴的な造形品の例

1.4 パウダーベッド方式とデポジション方式

金属積層造形においては、主にパウダーベッド方式とデポジション方式が利用される。

パウダーベッド方式は、主として三次元複雑形状品の造形のために利用される。

これに対して、デポジション方式は、

・タービンブレードなどのリペア

・レーザクラッディング

・比較的単純な形状で大型の造形品の製造

に利用される。これらの例を**図 1.6** に示す。

また、パウダーベッド方式では難しいマルチマテリアルによる異種材料の造形や傾斜材料の造形が可能である点は大きな特徴である。

このように、パウダーベッド方式とデポジション方式では、造形品に大きな違いがあるとともに、造形品の品質にも違いがある。表面粗さ、精度などの違いについて、**表 1.2** にまとめて示しておく。これからわかるように、デポジション方式は高速で単純形状の大型製品を造形するのに有利であるのに対して、パウダーベッド方式は複雑形状の高精度製品を造形するのに有利である。

(a) リペアの例

(b) レーザクラッディングの例

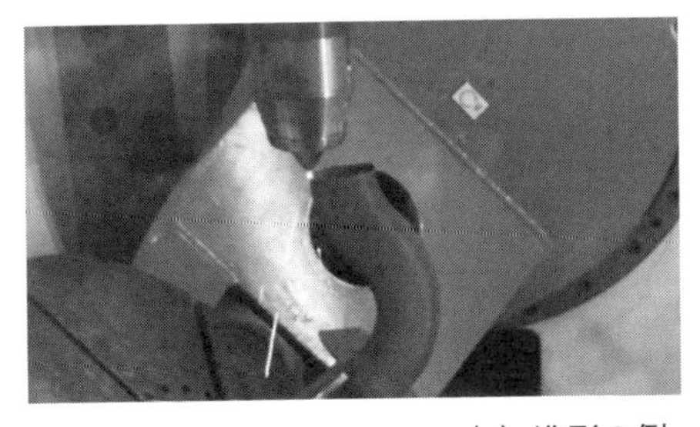

(c) 造形の例

(BeAM社提供)

図1.6　レーザデポジション方式による造形例

表 1.2　パウダーベッド方式とデポジション方式の比較[9]

	パウダーベッド方式	デポジション方式
造形速度	～70 cm^3/h	～300 cm^3/h（通常） ～700 cm^3/h（特殊）
表面粗さ	Ra 5～Ra 10 μm	Ra 10～Ra 200 μm
精度	＜0.1 mm	＜0.5 mm
製品寸法	チャンバーの大きさに依存	操作システムにのみ依存
積層厚さ	0.03～0.1 mm	0.3～1.5 mm

☆ポイント☆

- パウダーベッド方式は、主に三次元複雑形状品の造形に用いられる
- デポジション方式は、難しいマルチマテリアルによる異種材料の造形や傾斜材料の造形が可能
- パウダーベッド方式とデポジション方式では、造形品の品質、表面粗さ、精度などが異なる

【演習問題】

(1) 初期の金属積層造形装置と現在の造形装置の違いを明らかにし、次世代の金属積層造形装置にどのような機能が必要か考えてみなさい。

(2) AM分類における7つのカテゴリーの装置について調査し、その特徴をまとめてみなさい。また、除去加工や鋳造などとの違いを考察しなさい。

(3) AM技術によって作製される特徴的な製品を調査し、どのような設計思想で作られているか考察しなさい。

参考文献

1）ASTM, “Standard Terminology for Additive Manufacturing Technologies”, ASTM Standard F2792-12a, (2012).

2）J. J. Beaman, J. W. Barlow, D. L. Bourell, R. H. Crawford, H. L. Marcus, K.P. McAlea., “Solid Freeform Fabrication”, Kluwer Academic Publishers, (1997), p. 47.

3）京極秀樹，近畿大学次世代基盤技術研究所報告，Vol. 6（2015），pp. 179-183.

4）技術研究組合次世代 3D 積層造形技術総合開発機構編，「設計者・技術者のための金属積層造形技術入門」，(2016)，p. 8.

5）山口修一監修，荻原恒夫，「産業用 3D プリンターの最新技術・材料・応用事例、第 3 章造形材料開発の最新動向」，シーエムシー出版，(2015)，pp. 65-76.

6）I. Gibson, D. W. Rosen, B. Stucker., “Additive Manufacturing Technologies: Rapid Prototyping to Direct Digital Manufacturing”, Springer (2010).

7）L. Yang, K. Hsu, B. Baughman, D. Godfrey, F. Medina, M. Menon, S. Wiener, Additive manufacturing of Metals: The Technology, Materials, Design and Production, Springer, (2017), pp. 6-29.

8）ecoms, SUS, 42 (2015), pp. 37-40.

9）A. Candel-Ruiz, et al., “Strategies for high deposition rate additive manufacturing by Laser Metal Deposition”, Lasers in Manufacturing Conference 2015.

コラム 1

日本における 3D プリンタ開発

我が国における商用機としての 3D プリンタの初号機は、シーメットが開発した、**図 1.7** に示す三次元レーザ・プロッターSOUP（Solid Object Ultra-Violet Laser Plotter）である。シーメットから提供してもらったカタログには、「三次元レーザー・プロッターSOUP は、紫外線レーザーと紫外線硬化樹脂で立体モデルを作製する『光造形法』（レーザーリソグラフィー）を実現した夢のマシンです。SOUP は、CAD データからそのまま立体モデルを作製でき、感性の解放・感性の実現・感性の拡張をもたらす先進の技術です。」と謳われている。

本装置は、大阪府立工業技術研究所・丸谷洋二先生の特許を使用して 1988 年に開発され、レーザには、He-Cd レーザを使用しており、XY プロッター方式という名称は当時を偲ばせる。樹脂は、エポキシ樹脂が中心だったようだが、耐衝撃性に優れる樹脂も利用されており、当時としては画期的な装置であったように思われる。造形例を**図 1.8** に示す。

金属 3D プリンタに関しては、松浦機械製作所が 2002 年に開発した、

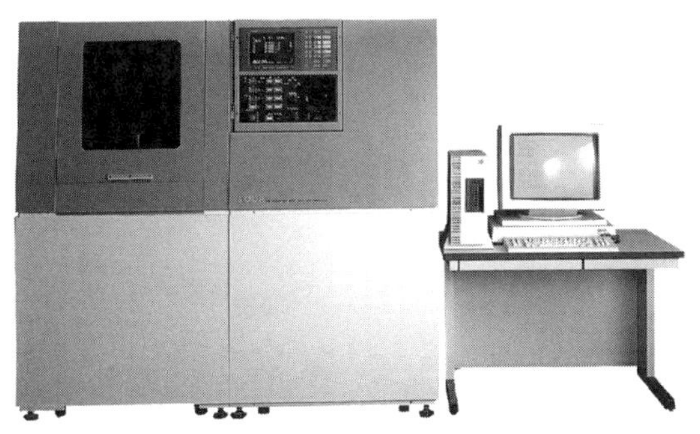

（シーメット提供）

図 1.7　シーメットの初号機 SOUP

（シーメット提供）

図 1.8　SOUP による造形品

松下電工（現パナソニック）の AM 技術と切削加工技術を融合した金属光造形複合加工装置 M-Photon25Y（**図 1.9**）である。この装置では、YAG レーザを切削主軸のコラムに装着して動かしていたようで、シーメットの装

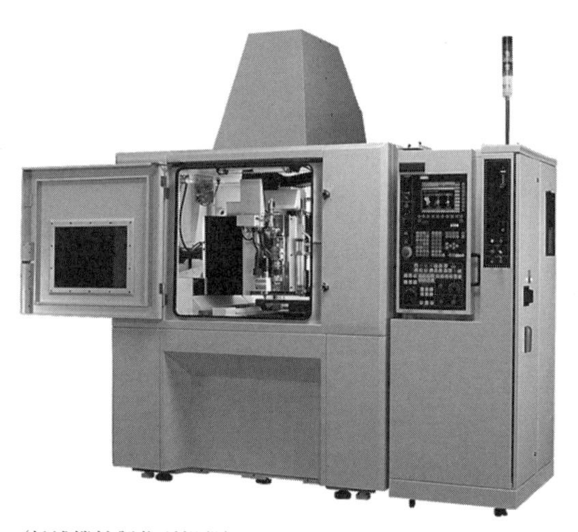

（松浦機械製作所提供）

図 1.9　松浦機械製作所の初号機 M-Photon25Y

置の XY プロッター方式と同様で、現在の高速化とは程遠い走査スピードだった。レーザは 350 W 出力の YAG レーザで、現在と変わらない出力のものが搭載されており、ワークサイズも 250 mm×250 mm で現状の商用機と同様である。

この装置は、2002 年に「日本国際工作機械見本市（JIMTOF）」において展示され、連日黒山の人だかりで日本初の金属積層造形機として大きな注目を集めたと、当時の日刊工業新聞に報じられた。

翌年、M-Photon25C として、CO_2 レーザを搭載した量産機として発売された。以後、我が国の装置メーカーの金属積層造形装置としては、唯一の装置として最近まで販売され、現在では大型装置などの開発が行われている。

第2章

粉末特性と造形方式

金属積層造形において、粉末特性は造形条件に大きな影響を与えるために、その特性を十分に把握しておくことが重要である。本章では、金属積層造形に求められる粉末の製造方法および粉末特性、さらには金属積層造形方式について理解する。また、金属積層造形方式に合った適切な粉末を選択し、造形品に適した造形方式を選択する知識を習得することを目的とする。

2.1 粉末特性[1)-3)]

2.1.1 金属積層造形に求められる粉末特性と評価法

金属積層造形のほとんどの方式で金属粉末を利用するため、粉末特性を把握しておくことは必要不可欠である。中でも、重要な指標は流動性（flowability）、拡がり性（spreadability）および充填性（packing density）である。なお、spreadabilityの和訳はないので、本書では「拡がり性」と記す。

(1) 流動性

流動性は、粉末供給や回収の際に重要な因子となり、粉末の形状、粒径、粒度分布、粒子間摩擦などに影響される。金属粉–流動度測定方法はJIS Z2502で規定されており、粉末50 gが流れ出る時間で表され、**図2.1**に示す装置により評価され、時間が短いほど流動性がよいとされる。

金属粉末積層造形においては、特に粉末の流動性がよいことが求められるため、粉末形状はできるだけ球形がよい。また、流動性は粒径および粒度分布に依存し、**図2.2**に示すような粒度分布のうち狭い幅の分布がよいとされている。

☆ポイント☆

- 粉末供給や回収の際に重要な因子となる流動性
- 金属粉—流動度測定方法はJIS Z2502で規定
- 粉末の流動性のよさは粉末形状、粒径、粒度分布に依存する

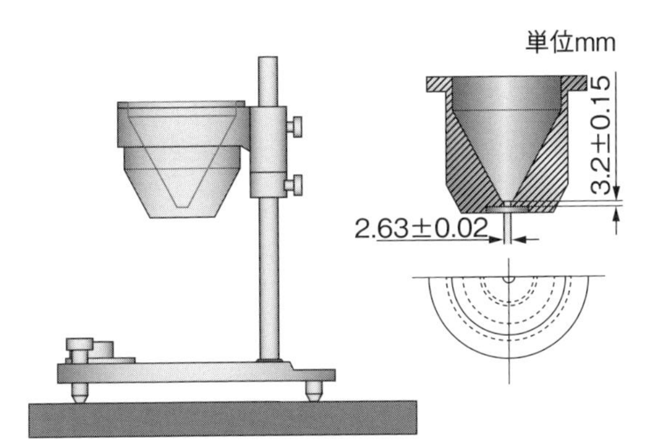

（日本工業規格 JIS Z2502：2012 金属粉-流動度測定方法をもとに著者作成）

図 2.1　流動度試験装置（Hall 流量計）[1)]

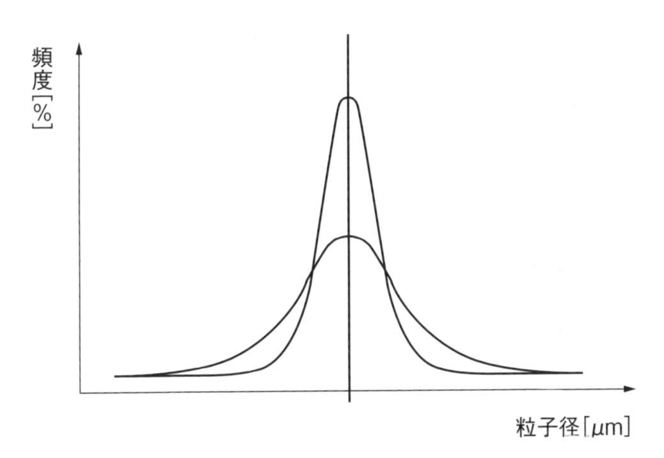

図 2.2　粒度分布の例

(2) 拡がり性

拡がり性という指標は通常粉体工学の分野では用いられてはいないが、パウダーベッド方式におけるリコート時の粉末の拡がり状況を見る指標として流動性と併せて利用されている。

拡がり性についても、流動性と同様に、粉末の形状、粒径、粒度分布、粒子間摩擦に影響を受ける。

評価法に関しては規定されていない。リコート現象[*1]においては粒子間摩擦などの付着力[*2]の影響が大きいことを考えると、**図 2.3** に示すように粉末を落下させて堆積した粉末の高さ H を半径 $\frac{D}{2}$ で割った値で与えられる安

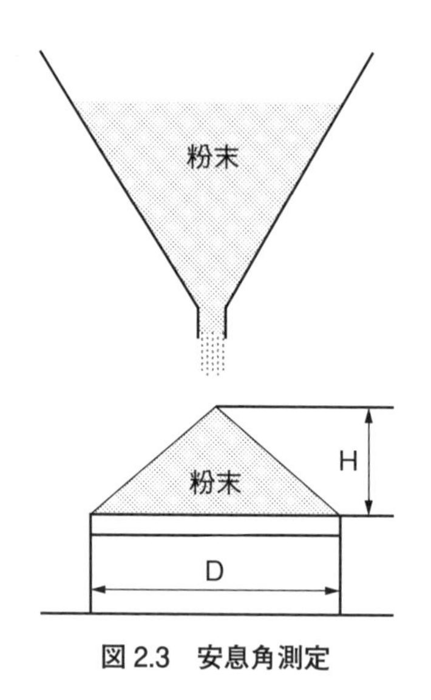

図 2.3　安息角測定

---

*1 リコート現象：粉末をリコータにより敷き詰めること。
*2 付着力：粉末粒子がファンデルワールス力（Van der Waals Force）などにより発生する力で、粒子径が大きくなると自重の影響が大きくなる。

息角（avalanche）の測定を利用することも１つの方法である。また、傾斜法を利用する方法もある。

☆ポイント☆
- パウダーベッド方式における指標として流動性と拡がり性が利用される
- 評価法は規定されていない
- 評価法には安息角の測定を利用する方法がある

(3) 充填性[3)]

パウダーベッド方式では、粉末の充填性は造形においても重要な指標である。粉末の充填性は粉末の自重、外部圧力、さらには粒子間の付着力などに影響を受ける。これは、粒子充填層の単位体積当たりの質量で与えられるかさ密度（bulk density）、あるいは見かけ密度（apparent density）により評価され、図 2.1 に示した装置が利用される。

見かけ密度 ρ_a は、粉体層間内の粒子空間体積の比率を示す空間率 ε とすると、次式で表される。

$$\rho_a = (1-\varepsilon)\rho_p$$

ここで、粉末粒子の密度を ρ_p（kg/m^3)、粉体質量を m（kg)、見かけ体積を V とすると、空間率 ε は、

$$\varepsilon = 1 - \left(\frac{m}{\rho_p V}\right)$$

で表される。

> ☆ポイント☆
> ・造形に重要なのは粉末の充填性
> ・粉末の充填性はかさ密度、見かけ密度により評価される

（4）パウダーレオメータによる動的流動性評価[4)]

粉末の動的流動性を測定するために、回転式ブレードによる流動性測定法が利用されている。これは、粉体中をブレード（回転翼）が、らせん状に回転することで得られる「回転トルク」と「垂直荷重」を同時に測定することで流動性を評価している。

装置の原理を**図2.4**に示す。この装置では、動的流動性試験による粉末の流動性の安定性やせん断試験による付着力の測定などを行うことができる。

> ☆ポイント☆
> ・粉末の動的流動性は回転式ブレードによる流動性測定法によって測定される
> ・回転トルクと垂直荷重を同時に測定し、評価する

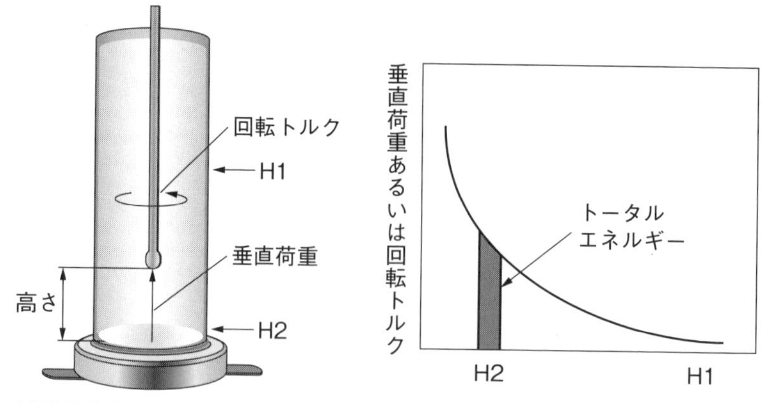

（粉体流動性分析装置パウダーレオメータ FT4 カタログをもとに著者作成）

図2.4　流動性測定原理

具体的な動的流動性試験とせん断試験に関して、パウダーレオメータFT4による測定例を紹介する。

①動的流動性試験

a. 安定性試験（かさ密度測定に対応）

粉体を静置した状態から、流動させた場合の粉体特性を評価する。**図2.5**に示すように、均一状態にした粉体に対して下向き試験を実施するのに必要なトータルエネルギー量を求め、最も安定したデータ（通常7番目）を「BFE（Basic Flowability Energy）」と呼ぶ。

また、この試験で得られる安定性の指標を、次式により安定性指標SI（Stability Index）として求め、SIが1に近いほど流動性が安定していると評価する。

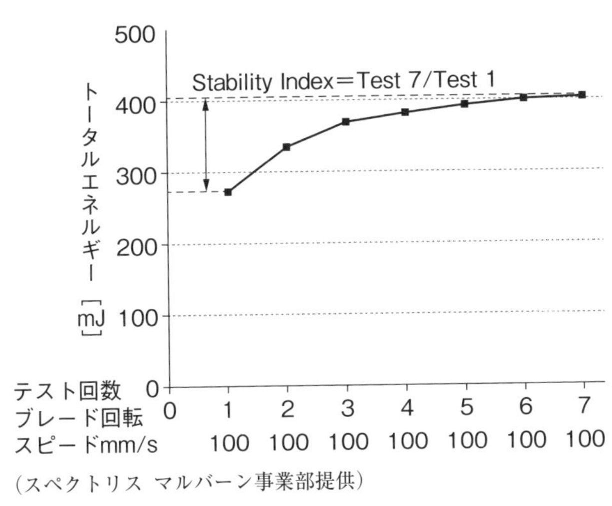

（スペクトリス マルバーン事業部提供）

図2.5　安定性試験結果の例（粉体流動性分析装置パウダーレオメータFT4による）

$$\mathrm{SI}(安定性指標) = \frac{7番目のデータ(\mathrm{BFE})}{1番目のデータ}$$

また、均一状態にした粉体に対して上向き試験をする時、粉体を流動させるのに必要なエネルギー値を粉体重量で除した値をSE（Specific Energy）として求め、粉末の流動性として評価する。

b. 流速変化試験

ブレードの回転スピードを100 mm/s→70 mm/s→40 mm/s→10 mm/sと変えて流動性を評価する試験。流動速度に対する変動指標をFRI（Flow Rate Index）として求め、これにより送り速度に対する粉体特性がわかる（**図2.6**）。

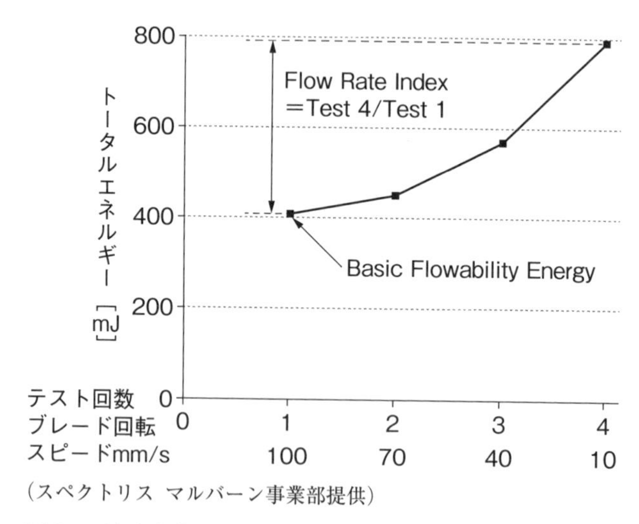

（スペクトリス マルバーン事業部提供）

図2.6 流速変化試験結果の例（粉体流動性分析装置パウダーレオメータFT4による）

FRI が 1 に近いほど流動速度の変化に対して安定していると評価する。

$$\text{FRI(流動速度指標)} = \frac{(10\ \text{mm/sのデータ})}{(100\ \text{mm/sのデータ})}$$

②せん断試験

垂直（圧縮）応力下でのせん断により測定されるせん断応力をプロットしたものを「破壊（崩壊）包絡線」と呼ぶ。破壊（崩壊）包絡線よりも強いせん断応力が加わることで粉体にすべりが発生する。

これは、モールの応力円から求められ、破壊（崩壊）包絡線上で垂直応力が 0 の時のせん断応力を粒子間の付着力として求める。付着力が高いと、流動性が悪い粉末と評価できる（**図 2.7**）。

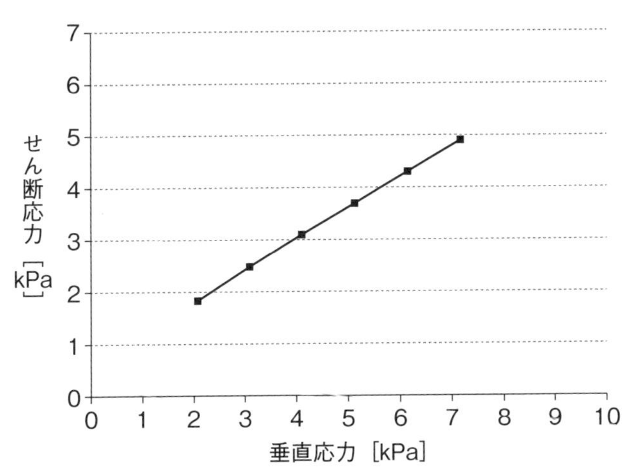

（粉体流動性分析装置パウダーレオメータ FT4 カタログをもとに著者作成）

図 2.7　せん断試験結果の例

2.1.2 粉末製造法[2)-4)]

AM用金属粉末の主な製造法には、次のような方法がある。

(1) ガスアトマイズ法

最も頻繁に利用される方法。アルゴンガスまたは窒素ガス中に噴霧することにより、球状粉末を大量に生産できる（図2.8）。

粉末は球状ではあるが、表面にサテライト（微細粒子）が付きやすいことから流動性を阻害しやすく、また、粉末内部にガスの気泡（ガスポア）ができやすいという欠点がある。

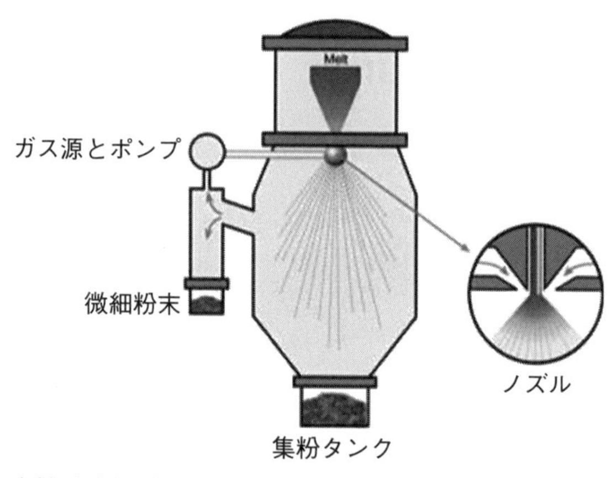

（愛知産業提供）

図2.8　ガスアトマイズ法

☆ポイント☆

- ガスアトマイズ法は最も頻繁に利用される
- 球状粉末の大量生産が可能
- 欠点は、サテライトの付着しやすさ、粉末内部におけるガスポアのできやすさ

(2) プラズマアトマイズ法

チタン合金などの反応性の高い金属粉末製造に利用され、ワイヤをプラズマ中に供給することにより、粉末を製造する方法（**図 2.9**）。生産性は低く、コスト高になる。

しかし、粉末は球状となり流動性のよい粉末が得られ、ガスアトマイズ粉末より内部にガスポアが少ないという特徴を有する。

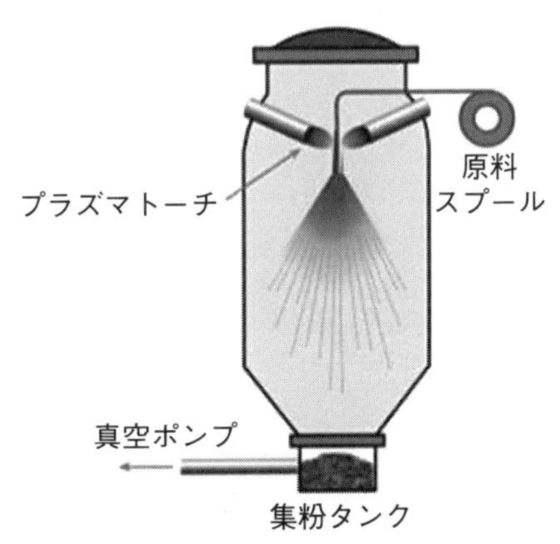

（愛知産業提供）

図 2.9　プラズマアトマイズ法

☆ポイント☆

- プラズマアトマイズ法は反応性の高い金属粉末製造に利用される
- 流動性のよい粉末が得られ、内部におけるガスポアが少ない
- 欠点は、生産性の低さ、コスト高

(3) 電極誘導溶解式ガスアトマイズ法（EIGA）

反応性の高い金属粉末製造に利用される。インゴットを誘導溶解することにより、アルゴンまたは窒素ガス中に噴霧することで粉末を製造する方法（図 2.10）で、少量生産向きである。

溶解炉が不要であるという長所はあるが、ガスアトマイズ法であるので、粉末表面にサテライトが付きやすく、粉末内部にガスポアができやすいという欠点がある。

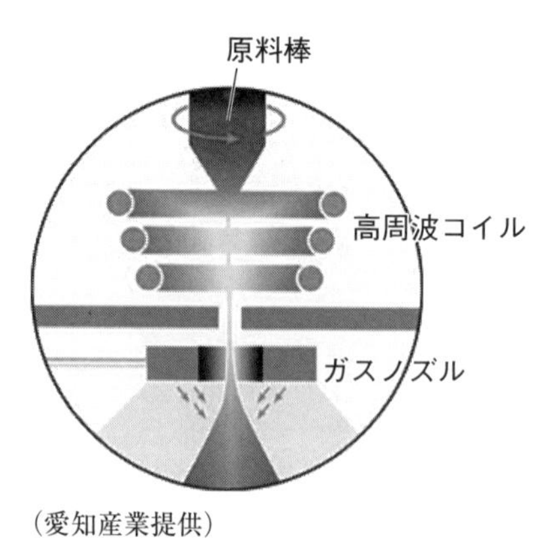

（愛知産業提供）

図 2.10　EIGA

☆**ポイント**☆

- 反応性の高い金属粉末製造に利用
- 少量生産向きで、溶解炉が不要
- 欠点は、粉末表面へのサテライトの付きやすさや、粉末内部でのガスポアのできやすさ

(4) 回転電極プラズマ溶融式（PREP）

丸棒のインゴットを高速で回転させながら、プラズマガンにより溶融して粉末を製造する方法（**図 2.11**）。少量生産向きである。

ガスポアの少ない球状の粉末の製造が可能であるが、粒径が大きいのが欠点である。最近では、AM 用としても利用可能な粒径となってきている。

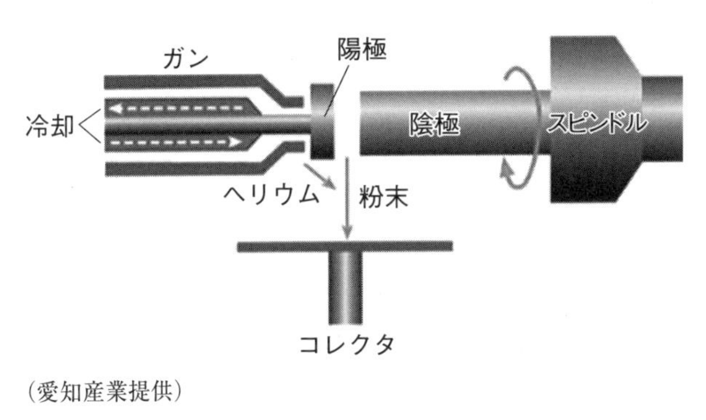

（愛知産業提供）

図 2.11　P-REP

☆**ポイント**☆

・少量生産向きで、ガスポアの少ない球状の粉末が製造可能

・欠点は、粒径の大きさ

(5) 遠心力アトマイズ法

溶湯を高速回転円盤に噴霧して粉末を製造する方法（**図 2.12**）。中量生産向きである。

ガスポアの少ない球状の粉末の製造が可能であるが、粒径が大きいのが欠点である。

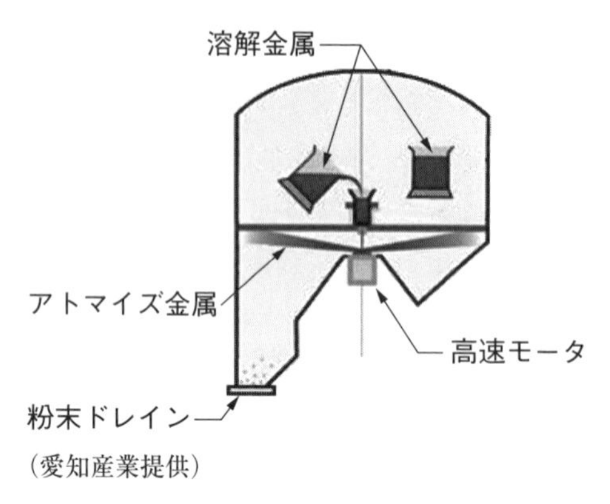

図 2.12　遠心力アトマイズ法

☆ポイント☆

・中量生産向きで、ガスポアの少ない球状の粉末が製造可能
・欠点は、粒径の大きさ

2.1.3　金属積層造形で使用される粉末[5)]

金属積層造形において求められる粉末特性は、2.1.1 項で述べたように、流動性、拡がり性、充填性である。これらを満足する粉末は、装置の機構にも依存するが、基本的に以下の 3 点となる。

①真球度の高い、サテライトのない粉末であることが要求される。
②粒度分布の狭い粉末であることが、特に電子ビーム溶融（EBM）では要求される。
③粉末自体は酸素量が低く、内部にガスポアのない粉末が、特に EBM では要求される。

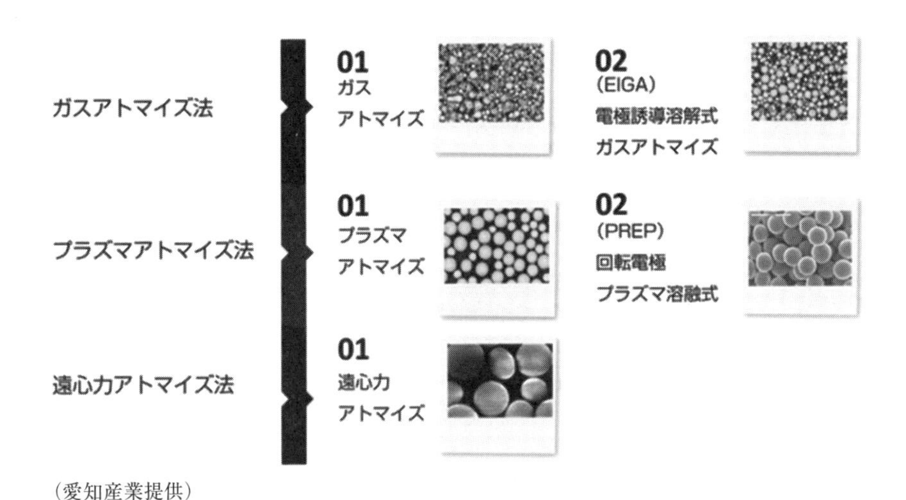

（愛知産業提供）

図 2.13　AM で利用される粉末の形状

また、粉末のリサイクル性も重要な項目となる。

このような要求項目を満たす粉末として、各方式で粒度分布が異なり、一般的にそれぞれ次のような粒径の粉末が利用されている（図 2.13）。

①レーザビームパウダーベッド方式：20 μm～45 μm
②電子ビームパウダーベッド方式：45 μm～105 μm
③デポジション方式：45 μm～105 μm

☆ポイント☆

・真球度の高い、サテライトのない粉末が要求される
・製造方式によって粒度分布は異なる
・電子ビーム溶融では、粉末に要求される品質が厳しい

2.2 造形方式[5)-7)]

2.2.1 パウダーベッド方式

(1) 造形プロセス

レーザパウダーベッド方式では、粉末供給からリコート、造形、製品取出し、粉末回収・ふるい、そして粉末の再利用という流れで造形される（**図 2.14**）。

このように、粉末の供給・リコート・回収と粉末が関わるプロセスがほとんどであり、レーザ照射においても粉末特性が造形品質に大きな影響を及ぼす。以下に、各プロセスの概要と粉末特性との関わりについて述べる。

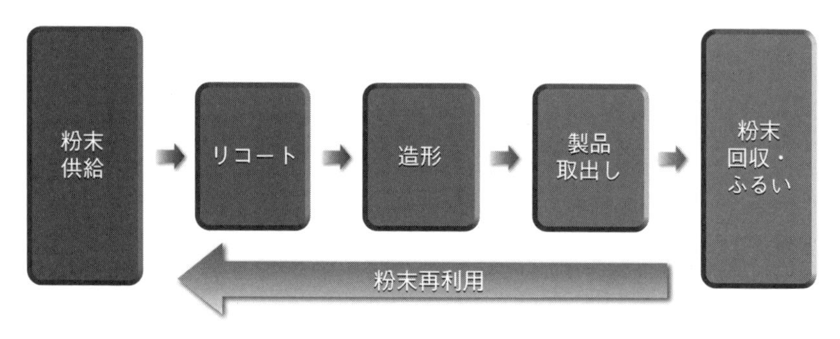

図 2.14　レーザビームパウダーベッド方式における造形の流れ

(2) 粉末供給方式

パウダーベッド方式においては、粉末の供給方法は次の 2 種類に大別される。

①造形ボックスと同じレベルにある粉末供給ボックスから供給（**図 2.15**（a））

②リコータに粉末供給ボックスより供給（図 2.15（b））

①の方式は、初期の装置から利用されていた。下から粉末をリコータに供

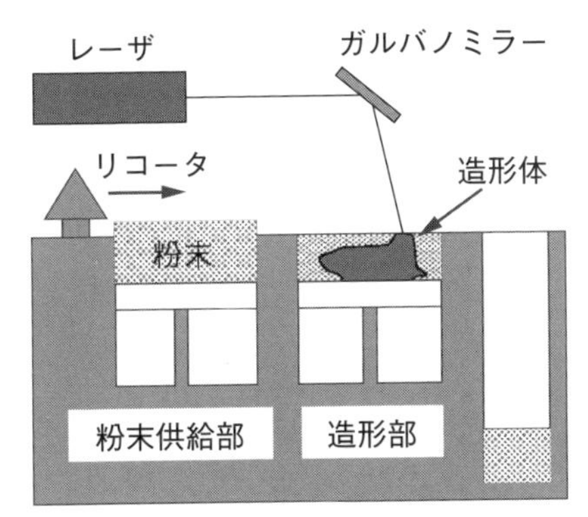

(a) 下から供給する方式

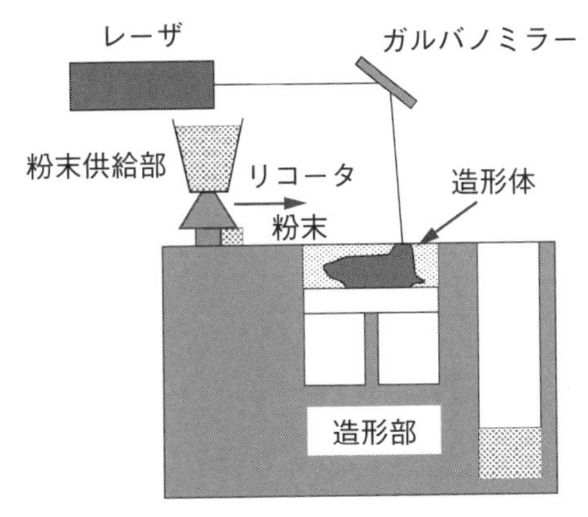

(b) 上から供給する方式

図 2.15　粉末供給方式

給する方式であるために、粉末の流動性よりは拡がり性が重要である。

一方、②の上から粉末をリコータに供給する方式は、粉末供給ボックスから粉末が流れ出し、次にリコータから粉末が流れ出るための流動性が最も重要である。

この点から、②の場合には、求められる粉末特性が厳しくなるといえるが、連続的に粉末を供給できる点からは、①よりメリットがある。

☆ポイント☆

- パウダーベッド方式による粉末の供給方法は、リコータに上または下から供給する２方式
- 粉末を上から供給する方式は厳しい粉末特性が求められるが、連続的な供給というメリットがある

（3）粉末リコート

上述した方式で供給された粉末は、**図 2.16** に示すように、リコータにより 20 μm～50 μm 程度の積層厚さで敷き詰められる。

ブレード方式が多く用いられているが、装置によってはローラー方式が利用されている。ローラー方式では微細粉末のリコートが可能で、かさ密度が高くなるため、微細な造形体の造形が可能となるが、ローラーの摩耗など課題もある。

粉末のリコート挙動のシミュレーションには離散要素法（Discrete Element Method；DEM）シミュレーションが利用されている。本法は、粒子間に働く圧縮力、せん断力、摩擦力などの接触力をモデル化し、接触力が作用する個々の粒子の運動方程式をもとにして数値解析する方法である[3)]。

図 2.17 に DEM シミュレーションによる粉末のリコートの状況を示すが、かなりうまく積層状況を表現できるようになっている。

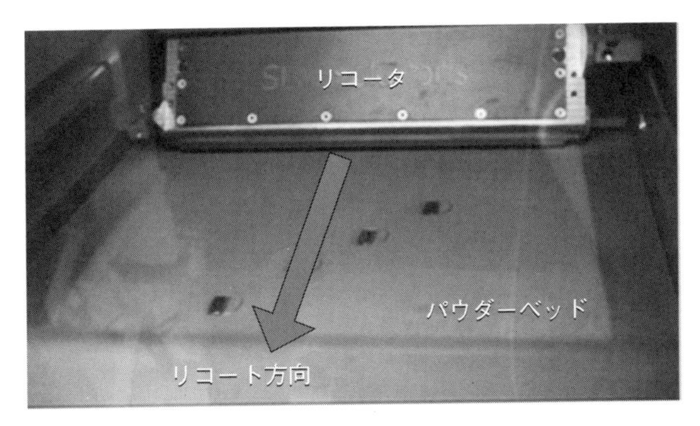

図 2.16　レーザビームパウダーベッド方式装置による粉末のリコート状況

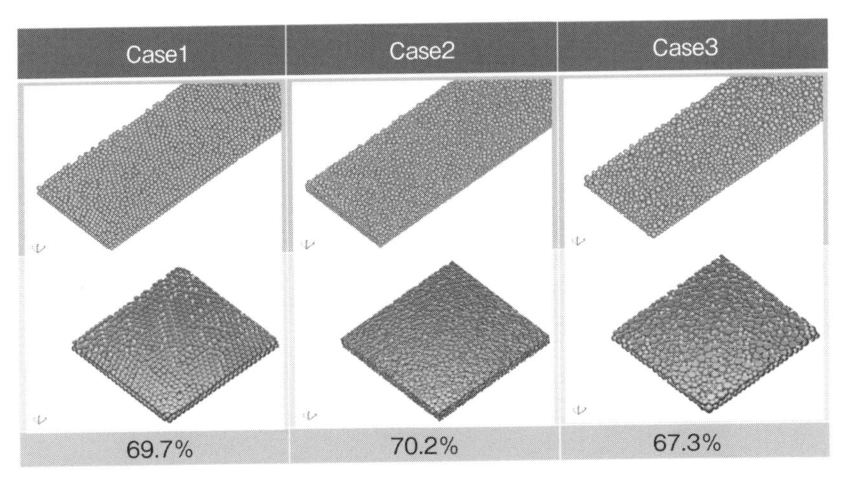

（フローサイエンスジャパン提供）

図 2.17　DEM シミュレーション（Flow DEM）による粉末の流動解析

☆ポイント☆

・供給された粉末はリコータにより 20 μm～50 μm 程度の積層厚さで敷き詰められる

・ブレード方式とローラー方式がある

・粉末のリコート挙動解析には離散要素法シミュレーションが利用される

(4) 造形・取出し・粉末回収

リコート後には、レーザあるいは電子ビームを照射して、溶融凝固させて造形が行われる。溶融凝固現象についての詳細は第 4 章で述べる。

レーザによる造形の場合には、レーザ照射された箇所のみが溶融凝固して造形されるため、残りの粉末はほとんど回収され、ふるいにかけて再利用される。製品と粉末の分離は容易に行われ、粉末回収も容易である（図 2.18）。

図 2.18　レーザビームパウダーベッド方式装置による造形・取出し状況

一方、電子ビームの場合には、リコートと造形の間に、仮焼結が入る（**図2.19**）。電子ビームを用いるためにチャージアップが起こり、「スモーク現象」と呼ばれる粉末の飛散が生じるために、造形前に仮焼結を行う必要がある。

仮焼結は、電子ビームを高速に振って粉末のつながりができるような温度

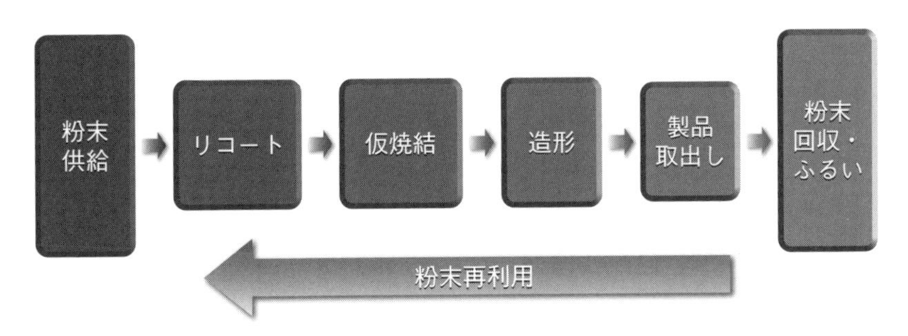

図 2.19　電子ビームパウダーベッド方式における造形の流れ

（エイチティーエル提供）

図 2.20　電子ビームパウダーベッド方式装置による造形状況

で実施する。過剰な焼結現象が起きると、最終製品の取出しが難しくなるため、温度の制御には注意が必要である。

仮焼結後は、電子ビームを照射して溶融凝固させて造形を行う（**図 2.20**）。造形後は、仮焼結体から製品を取出すために、ブラスト装置が必要である。塊の粉末は粉砕して再利用する。

☆ポイント☆

- レーザ照射された箇所のみが溶融凝固する
- レーザ溶融では、残りの粉末回収は容易で再利用される
- 電子ビーム溶融では、仮焼結が必要で、温度の制御は注意を要する
- 電子ビーム溶融では、塊の粉末を粉砕して再利用される

2.2.2　デポジション方式

（1）材料供給

デポジション方式では、ノズルを通して粉末、あるいはワイヤが供給される方法がある（**図 2.21**）。

粉末供給については、できるだけ安定した供給を行う必要があるため、粉末特性も重要となり、流動性に優れる狭い幅の粒度分布の粉末が利用される。特徴については、**表 2.1** に示す。

（2）造形

材料供給後に、レーザあるいは電子ビームが照射され溶融凝固して造形が行われる。代表的なデポジション方式については表 2.1 で紹介する。

実用化されている主な方式は、DMD（Direct Metal Deposition）法、LENS®（Laser Engineered Net Shaping）法および EBAM®（Electron

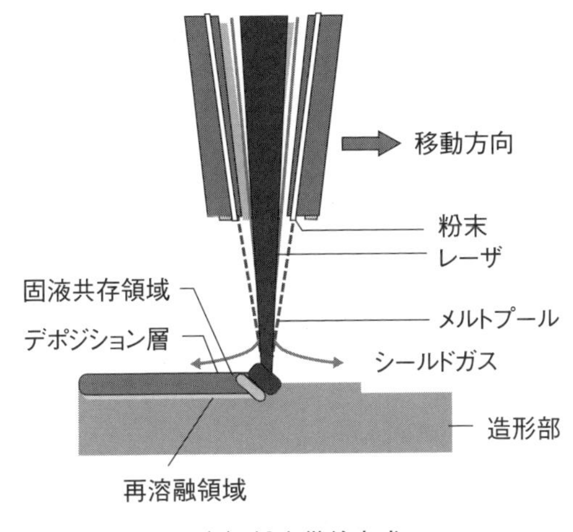

(a) 粉末供給方式

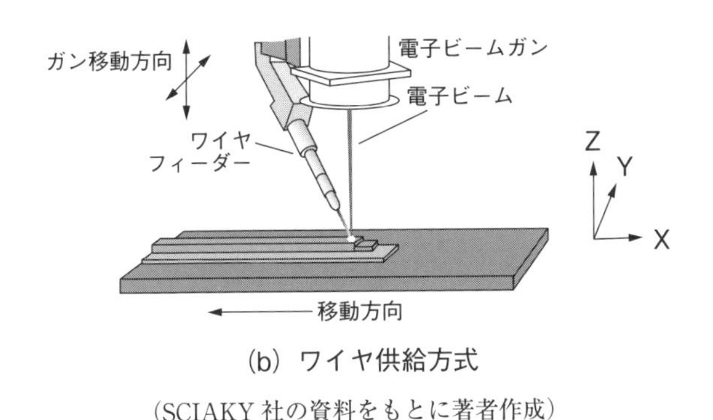

(b) ワイヤ供給方式

(SCIAKY 社の資料をもとに著者作成)

図 2.21　デポジション方式における材料供給方式

Beam Additive Manufacturing）法である。DMD 法および LENS 法は、光源にレーザを用いて粉末を噴射して溶融凝固させる方式であるのに対して、DM 法は、光源に電子ビームを用いてワイヤを供給して溶融凝固させる方式

表 2.1　代表的なデポジション方式

カテゴリー	方式	会社	説明
指向性エネルギー堆積（Directed Energy Deposition；DED）	Direct Metal Deposition（DMD）	DM3D Technology 社（formerly POM Group）	レーザと金属粉末の利用
	Laser Engineered Net Shaping（LENS）	Optomec 社	レーザと金属粉末の利用
	Electron Beam Additive Manufacturing（EBAM）	SCIAKY 社	電子ビームと金属ワイヤの利用

（A. Candel-Ruiz, et al., "Strategies for high deposition rate additive manufacturing by Laser Metal Deposition", Lasers in Manufacturing Conference 2015 をもとに著者作成）

である。

前者は、材料の制限は少なく、かなり複雑な形状の製品の作製も可能であるのに対して、後者はワイヤができる材質に制限されるという問題もあるが、単純形状の大型製品の製造が可能である。

23 ページの図 1.6 にレーザデポジション方式の装置による造形体の例を示した。また、**図 2.22** に電子ビームデポジション方式の装置による造形体の例を示す。

造形の際には、パウダーベッド方式と異なり、造形部分の周りに粉末もなくサポートもないために、造形とともに温度が上昇し、高温になり過ぎると造形体が崩れる。このため、冷却時間をおくために休止（デュウェル）し、温度上昇を防ぐ造形プロセスが必要となるなど、注意が必要である。

その他、光源にアーク放電を使用して溶接と同様に肉盛りして造形する方式もあり、単純形状の大型製品の製造には有効である。

（愛知産業提供）

図 2.22　電子ビームデポジション方式の装置による造形体の例

☆ポイント☆

・実用化されている主な方式は DMD 法、LENS 法、EBAM 法
・高温になりすぎると造形体が崩れるため、冷却のための休止などの造形プロセスが必要

2.2.3　その他の方式

(1) バインダージェッティング方式

バインダージェッティング方式においては、パウダーベッドに樹脂を噴霧して成形体を作製した後、脱脂・焼結を行う間接法である。

パウダーベッドを利用するため、上述したパウダーベッド方式と同様に、粉末の流動性、拡がり性、充填性が重要となる。これにより、成形体の密度が異なり、最終的な焼結体の密度にも影響を及ぼす。

表 2.2　各種加工法による材料特性の比較

特　性	バインダージェッティング	MIM*	プレス焼結	精密鋳造	切削加工
密　度	98 %	98 %	86 %	100 %	100 %
表面粗さ	1.6	0.8	1.6	3.2	1.6
重　量	0.1–20 kg	0.1–100 g	5 g–2 kg	30 g–4.5 kg	No limit

* MIM：金属射出成形（Metal Injection Molding）
(R. Lucas, "Creating Complex, Monolithic Parts With Binder Jetting 3DP Techniques", Proceedings of AMPM2016, Boston, 2016 をもとに著者作成)

バインダージェッティング方式による焼結体の密度について、他の加工法との比較値を**表 2.2** に示しておく。焼結体としては、相対密度 98 %の高い値を示している。バインダージェッティング方式による焼結体では、高密度の焼結体を得るには材質的な制限はあるが、大量生産には向いている。

☆ポイント☆

- パウダーベッドに樹脂を噴霧して成形後に焼結する間接法のため、成形体の密度が異なる
- 材質的な制限はあるが、大量生産には向いている

(2) ハイブリッド方式

パウダーベッド方式やデポジション方式の積層造形と切削を組合せたハイブリッド型の装置が開発されている。

パウダーベッド方式の造形と切削を利用した装置では、積層造形を 10 回程度繰返した後に、ミリングを行う工程を繰返しながら造形体を作製していき、最終的に切削した表面を有する造形体の製造が可能である（**図 2.23**）。この方式の装置は、主に複雑な水管を有する金型製作に利用されている。

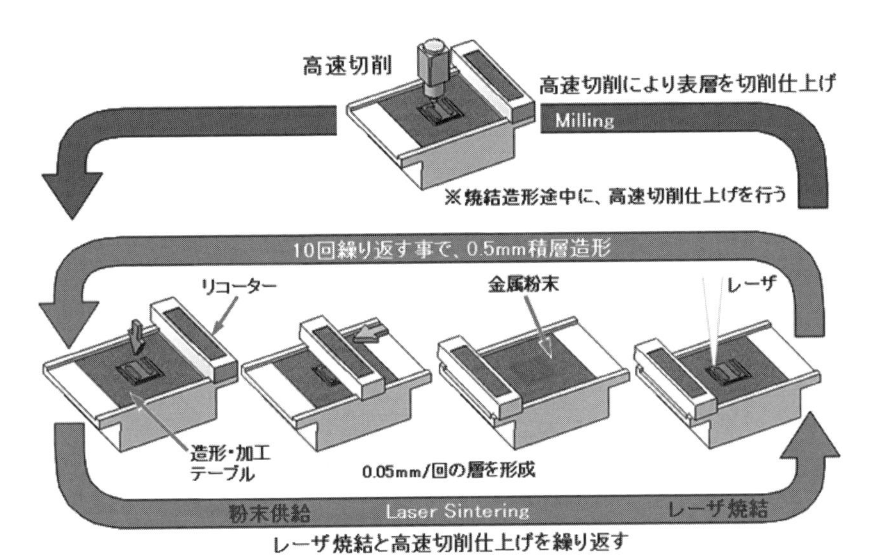

（松浦機械製作所提供）

図 2.23　ハイブリッド方式の造形プロセス

これに対して、デポジション方式の造形と切削を利用した装置では、円筒形上にフィンを付ける加工や５軸制御を利用した複雑形状品の作製、異種金属を組合せた造形品の作製などが可能である。造形例を**図 2.24** に示す。

☆ポイント☆

・パウダーベッド方式の積層造形と切削を組合せた造形法は、複雑な水管を有する金型製作で利用されている

・デポジション方式の造形と切削を組合せた造形法では、複雑形状品や異種金属を組合せた造形品の作製が可能

(https://www.youtube.com/watch?v=Y_lAD513EaY)

(a) 5軸制御を利用した複雑形状品の例

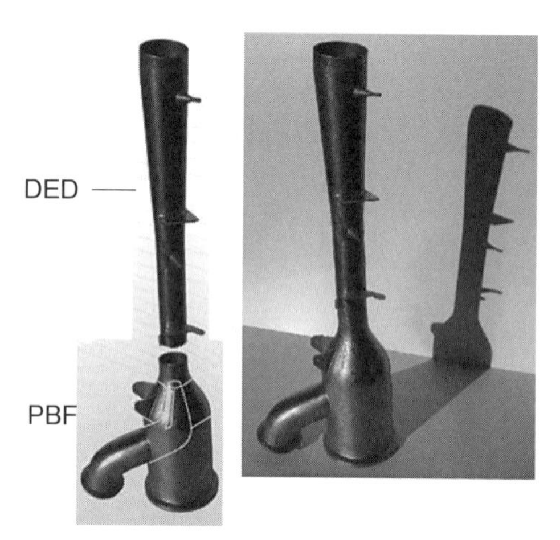

(b) 異種金属を組合せた造形品の例

(BeAM社提供)

図 2.24 デポジション方式のハイブリッド型装置による造形例

【演習問題】

(1) 造形において粉末の流動性は最も重要な因子だが、その流動性に及ぼす影響因子について述べなさい。

(2) AM用金属粉末に必要な主な特性とその理由について述べなさい。

(3) パウダーベッド方式における粉末の管理方法について調査・検討してみなさい。

(4) レーザパウダーベッド方式と電子ビームパウダーベッド方式のプロセスの違いについて述べなさい。また、使用粉末の違いについても述べなさい。

(5) レーザパウダーベッド方式の装置は多くあるが、主な装置の機能の違いを調査してみなさい。

(6) パウダーベッド方式とデポジション方式の適用分野の違いについて考察してみなさい。また、その理由を述べなさい。

参考文献

1）日本工業規格 JIS Z2502：2012 金属粉−流動度測定方法.

2）R. M. German 著，三浦秀士監修，粉末冶金の科学（内田老鶴圃，1996）.

3）粉体工学会編，粉体工学叢書 7　粉体層の操作とシミュレーション，日刊工業新聞社，(2009).

4）スペクトリス株式会社マルバーン事業部，粉体流動性分析装置パウダーレオメータ FT4 カタログ.

5）技術研究組合次世代 3D 積層造形技術総合開発機構編，設計者・技術者のための金属積層造形技術入門，(2016).

6）I. Gibson, D. W. Rosen, B. Stucker, Additive Manufacturing Technologies: Rapid Prototyping to Direct Digital Manufacturing, Springer, 2010.

7）L. Yang, K. Hsu, B. Baughman, D. Godfrey, F. Medina, M. Menor, S. Wiener., "Additive manufacturing of Metals: The Technology, Materials, Design and Production, Springer, (2017), pp. 6−29.

8）http://www.sciaky.com/additive-manufacturing/wire-am-vs-powder-am

9）A. Candel-Ruiz, et al., "Strategies for high deposition rate additive manufacturing by Laser Metal Deposition", Lasers in Manufacturing Conference 2015, (2015).

10）R. Lucas, "Creating Complex, Monolithic Parts With Binder Jetting 3DP Techniques", Proc. of AMPM2016, Boston, (2016).

11）京極秀樹，"金属 AM 技術によるものづくりの可能性と金属材料の評価"，機材技術，7 月号（2017).

コラム２

装置開発の動向[11)]

2013 年以降の金属積層造形装置、いわゆる金属 3D プリンタの動向を、①パウダーベッド方式と②デポジション方式に分けて紹介しておく。

①パウダーベッド方式

2006 年頃以降の装置からファイバーレーザを利用したパウダーベッド方式の金属 3D プリンタが主流になり、高速化・大型化に関しては、2013 年頃以降大きな進展がみられる。

高速化・大型化のために、レーザ出力も 200 W から 400 W、500 W、さらには 1 kW へと高出力化が進み、レーザも 1 台から 2 台へと多光源化が進んできており、最大 800 mm×400 mm×500 mm の装置も開発されている。我が国においても、造形サイズ 500 mm×280 mm の大型装置が導入されている。高精度化に関しては、粉末積層技術の改良や粉末の改良、照射パターンを考慮したソフトウェア開発などにより、製品精度と併せて表面粗さの大幅な向上が図られている。

表 2.3 に代表的な大型装置の仕様を挙げておく。表 2.3 以外にも、ドイツ・TRUMP 社からも再びパウダーベッド方式の装置が 2016 年秋にリリースされ、造形精度や表面粗さに優れた装置となっている。また、DMG MORI が、小型装置では多くの販売実績を有するドイツ・Realizer 社を傘下に収め、パウダーベッド方式の装置を販売している。

我が国の工作機械メーカーが中心となって開発しているハイブリッド型金属 3D プリンタについてみると、パウダーベッド方式は、金型を中心に適用され、金型の大幅な機能化が達成されている。松浦機械製作所は、造形サイズ 600 mm×600 mm の装置を、ソディックも造形サイズ 350 mm×350 mm の装置を 2016 年にリリースし、大型化へ向かっている。松浦機

表 2.3　金属レーザ積層造形装置の主な仕様（各社カタログより）

装置名	EOS M290	Concept Laser M2 cusing	SLM Solutions SLM 280 2.0	3D Systems ProX 300
造形サイズ	250×250×325 mm	250×250×280 mm	280×280×365 mm	250×250×300 mm
レーザ出力（ファイバーレーザ）	400 W	200 W、オプション 400 W	400 W、2×400 W、700 W、2×700 W、700 W＋1000 W	500 W
走査速度	～7.0 m/s	～7 m/s	～10 m/s	—
造形速度	—	～20 cm³/h	～55 cm³/h	—

械製作所の装置では、高出力 1 KW ファイバーレーザの搭載により、高速造形が可能となっており、スキージング時間や切削時間の短縮を図っている。

②デポジション方式

デポジション方式においても、高精度化・高速化・大型化と併せて複層化が進んできている。技術研究組合次世代 3D 積層造形技術総合開発機構（TRAFAM）において開発している装置では、東芝・東芝機械グループが開発しているレーザデポジション方式の一次試作機は、造形速度 360 ccc/h（平成 27 年度末）と極めて高速で、異種金属を造形可能な複層型となっている。また、三菱重工工作機械グループが開発しているレーザデポジション方式で 5 軸加工が可能な一次試作機も、造形速度 360 ccc/h（平成 27 年度末）と極めて高速で、高精度造形のためのメルトプールモニタリング機能を有しており、異種金属を造形可能な複層型となっている。

また、SIP 次世代レーザコーティングプロジェクトにおいては、大阪大学接合科学技術研究所のグループが、100 W 級青色半導体レーザを利用したコーティング装置開発を行っており、今後の 3D プリンタへの展開が期待される。

第3章

金属積層造形プロセス

金属積層造形は、CAD/CAE/CAMさらには溶融凝固解析など幅広い知識を必要とする技術である。本章では、金属積層造形プロセスにおけるデータファイルの作成、造形パターン、レーザと電子ビームの発生原理と特性、さらにはレーザ溶融と電子ビーム溶融の違いなどを理解し、実際の造形作業に活かす知識の習得を目的とする。

3.1　金属積層造形プロセスの概要[1)-3)]

(1) プロセスの概要

金属積層造形におけるプロセスは、次のとおりである（図 3.1）。

【プロセスの概要】

①3D-CAD あるいは CT、スキャナーなどによるモデリング

②STL（STereo Lithography）ファイルへの変換

③必要に応じてサポートデータ作成・追加

④装置への STL ファイルの送信

⑤STL データをスライスデータに変換し、装置の操作ファイルを作成

⑥最適造形条件で造形

⑦製品を取出し後、必要に応じて後加工

(2) 3D-CAD によるモデリング

製品設計を行う際には、概念設計をスケッチや 3D-CAD（Computer Aided Design）によりモデルを作成することから始まる。AM においても、基本的に 3D-CAD が利用されてコンピュータ上にモデルが作成される。

一般的には、AutoCAD Inventor、Solidworks、NX などの 3D-CAD ソフトウェアが利用される。3D-CAD で作成されたモデルは STL ファイルに変

図 3.1　金属積層造形プロセスの概要

換される。

☆**ポイント**☆
- 基本的にモデル作成は3D-CAD
- 3D-CADモデルはSTLに変換された後、スライスデータに変換して造形される

(3) CADモデルのAM装置用ファイルフォーマットへの変換

パウダーベッド方式の装置では、**図3.2**に示すような、通常三角形パッチで表現される座標データからなるSTLデータが利用される。異種材料を扱う際には材料データや色データなどが必要となるため、AMFファイルフォーマットや3MFファイルフォーマットも利用されている。

また、医療分野ではX線CT装置からのデータ取得が行われるために

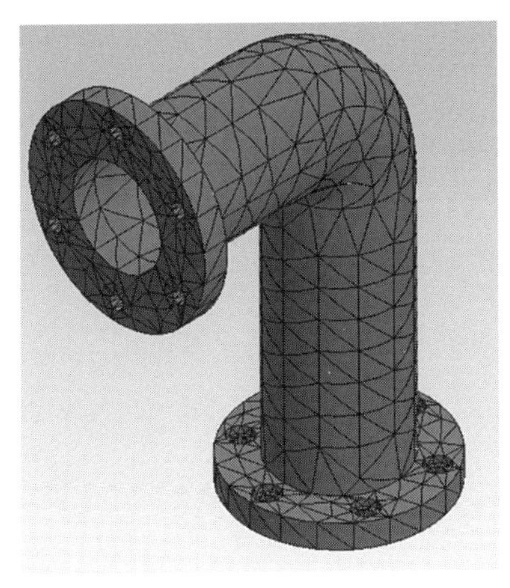

(a) 細かい三角形メッシュ

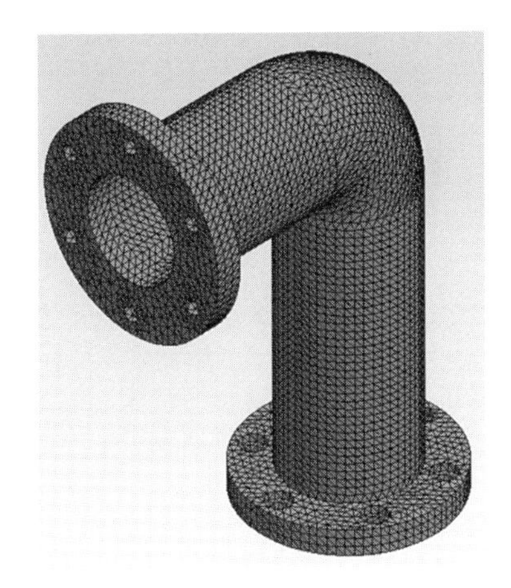

(b) 粗い三角形メッシュ

図3.2　STLデータによる形状表現

DICOM（Digital Imaging and COmmunications in Medicine）データも利用される。

AM技術においてよく利用される、これらのファイルフォーマットを以下にまとめて示しておく。

【フォーマット】

① STL（Stereo Lithography）

② AMF（Additive Manufacturing File Format）

③ 3MF（3D Manufacturing Format）

④ DICOM（Digital Imaging and COmmunications in Medicine）

作成されたSTLデータについては、図3.2に示すように三角形メッシュの座標データとして表現されるが、中には三角形の頂点がつながっていないなどの欠陥データが発生する。このため、プリプロセスソフトウェア（例えば、マテリアライズ社のソフトウェアMagics）により修正がかけられる。

また、メッシュが細かすぎるとデータ量が多くなりすぎるので、注意が必要である。

☆ポイント☆

・パウダーベッド方式の装置で利用されるのはSTLデータ

・三角形メッシュの大きさにも注意

(4) サポートデータ作成・追加

AM、特に金属積層造形においては、変形を防ぐとともに熱を逃がす役割を持つサポートの設計が重要である。これについても、プリプロセスソフトウェア（例えば、マテリアライズ社のソフトウェアMagics）により自動生成がなされ、必要に応じて修正を行う。サポートの役割については、第6章で詳述する。サポートが作成されれば、モデルに追加して、STL データとして装置に送信される。

(5) 操作ファイルの作成と造形

送信されたSTLファイルは一層ごとのスライスデータに変換される。通常、パウダーベッド方式では、20 μm～50 μm 程度の厚さに採られる。各装置に合わせてビルドプロセッサにより走査パターンが決定され、操作ファイルが作成される。

造形を行う前に、装置の準備とプロセスコントロールを行う。プロセスコントロールにおいては、ガス圧、酸素量などの確認とプロセスパラメータや材料パラメータ設定を行った後、造形する。通常では、アルゴンガスや窒素ガスが利用され、酸素量は 0.1 %以下で造形される。

☆ポイント☆

- パウダーベッド方式では一層ごとのスライスデータは 20 μm～50 μm 程度の厚さ
- 造形前には装置の準備とプロセスコントロールを行う

(6) 製品の取出しと後加工

造形された製品は、装置から取出され、ベースプレートから必要に応じてワイヤカット装置などを用いて切り離され、ショットブラスト処理などが行われる。

その後、必要に応じて、切削加工や熱処理、HIP* (Hot Isostatic Pressing) 処理などが施される。

＊ HIP：熱間静水圧成形といい、カプセルに製品を詰めて、高温・静水圧下でポアなどの欠陥をつぶして、緻密化する方法。

3.2 走査パターン

走査パターンには、

①XY 方向に交互に造形するパターン

②角度を順次変えて造形するパターン

があり、各装置で異なるパターンが用いられている（**図 3.3**）。

また、熱変形を防ぐために、アイランド型に造形するパターンなどが採用されている[4)]（**図 3.4**）。

さらに、高速造形のために外周部を 400 W シングルモードファイバーレーザでしっかりと造形し、内部は 1 kW マルチモードファイバーレーザで高速で造形する Hull-Core 方式といった造形方式も取られている（**図 3.5**）。この場合には、組織変化も観察されており、これに伴って引張特性も変化する。

このようなパターンにより、溶融凝固状態が異なり熱変形状態や組織の違いが発生するために、十分な実験データを持っておくことが、安定した造形を行うためには重要である。

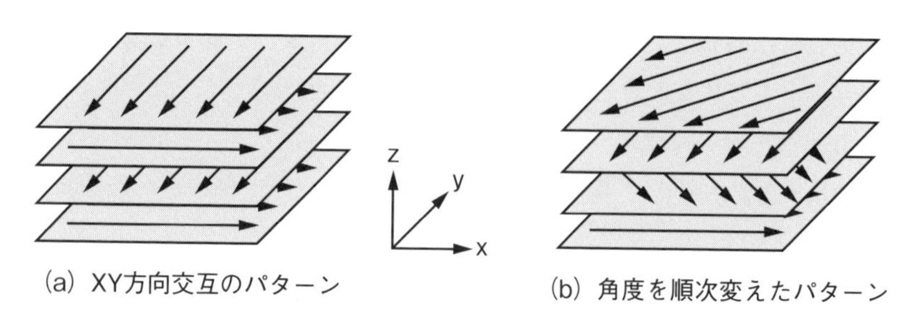

図 3.3 典型的な走査パターン

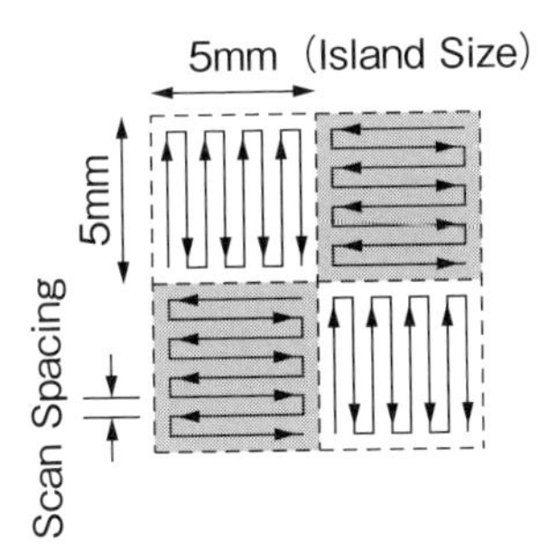

（L. N. Carter, et al., Journal of Alloys and Compounds 615 (2014) 338-347をもとに著者作成）

図3.4　他の走査パターンの例

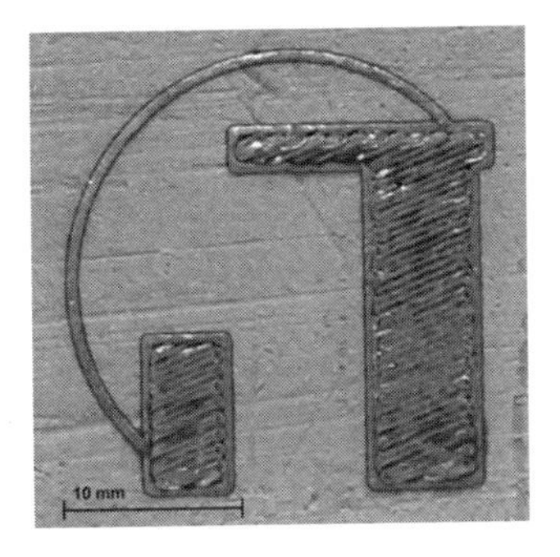

（SLM Solutions 社提供）

図3.5　Hull-Core方式

☆ポイント☆

- 走査パターンは装置によって異なる
- パターンによって熱変形状態や組織の違いが発生するので、安定した造形には実験データが重要

3.3 レーザ積層造形プロセス

(1) レーザの原理と特徴

レーザ（Light Amplification by Stimulated Emission of Radiation）は「放射（輻射）の誘導放出による光の増幅」を意味する。電磁波として位相の揃った多数の光子が共振器内を多数回往復することにより光強度が増幅され、その一部が外部に出力ビームとして取出されたものである[5)]。

波長でみると、赤外線、可視光、紫外線さらにはX線の領域まで広がっている。加工用に利用されているレーザは赤外線領域であるが、最近では可視光領域の波長のグリーンレーザやブルーレーザも利用されつつある（**図3.6**）。

金属材料の溶接や切断においては、材料の吸収率が問題となる。**図3.7**に示すように、一般的に利用されているCO_2レーザでは、鉄系では吸収率が高く、溶接や切断効率は高いが、非鉄材料では吸収率が非常に低いことがわかる。

金属積層造形では、初期にはCO_2レーザが利用されていたが、対象金属

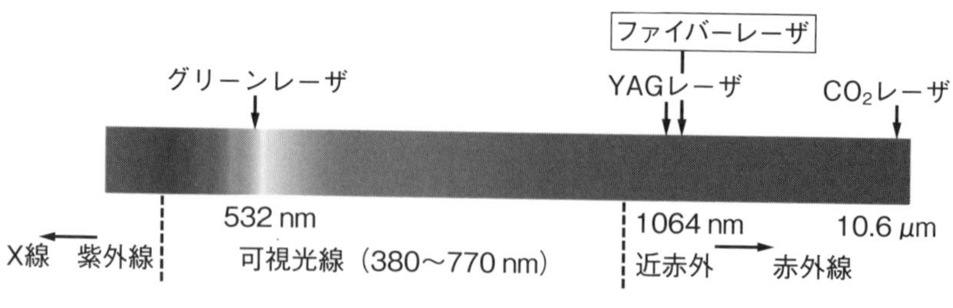

図3.6　レーザと波長の関係

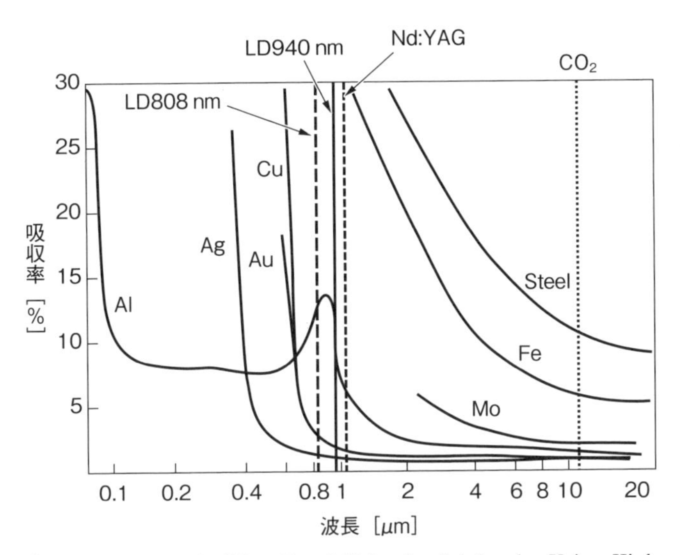

（E. Schubert, et al., "New Possibilities for Joining by Using High Power Diode Lasers", LIA Processing ICALEO'98, Vol. 85, G111. をもとに著者作成）

図 3.7　材料によるレーザ吸収率の変化

は鉄系あるいは低融点を有する金属を添加した合金に限定され、装置が大掛かりでメンテナンスにも課題があった。

2005 年頃から波長が 1070 nm の Yb ファイバーレーザの登場により、それまで造形が不可能であったアルミニウムにおいても吸収率が大幅に向上し、造形が可能となった。

金属 3D プリンタに使用されているファイバーレーザは、通常ガウシアン分布のシングルモードファイバーレーザで、スポット径を 100 μm 以下に絞ることもできるため、高精度で表面の滑らかな造形が可能となった。これにより、製品の取出しと後処理、さらには粉末の回収も容易となった。

加えて、装置が小型化してメンテナンスも非常に容易になったことから、現在の装置では200 W～500 Wのシングルモードファイバーレーザが主に使用されており、一部1 kWのマルチモードファイバーレーザが使用されている。

☆ポイント☆

- 波長により金属材料の吸収率が変化する
- シングルモードファイバーレーザは高精度で滑らかな表面が可能
- 現在の装置では主に200 W～500 Wのシングルモードファイバーレーザが利用されている

(2) レーザ積層造形プロセスの具体例

3.1節においても述べたが、レーザ積層造形プロセスについて、具体例を**図3.8**に示す。

①3D-CADによるモデル作成
②STLフォーマットへの変換、その際サポートデータも作成
③装置へデータを送信し、STLデータを開いてスライスデータを作成
④パラメータを設定して、装置をセットアップ
⑤造形
⑥ベースプレート上に作製された製品の取出し
⑦ベースプレートからの製品切り出し、サポート除去などの後処理

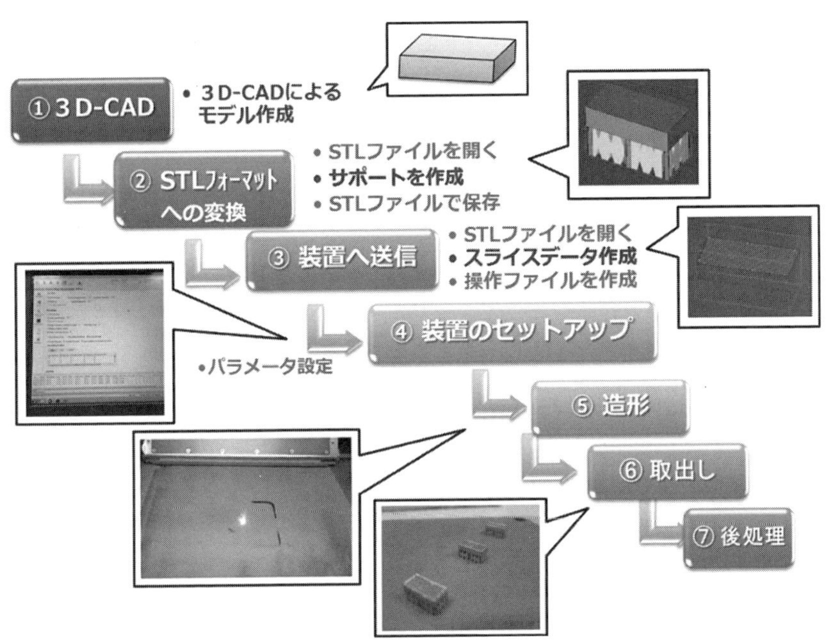

（出典：技術研究組合次世代3D積層造形技術総合開発機構編、「設計者・技術者のための金属積層造形技術入門」、2016年）

図 3.8　レーザ積層造形プロセスの例

3.4 電子ビーム積層造形プロセス

(1) 電子ビームの原理と特徴[8)]

電子ビーム（Electron Beam）は、電子銃の陰極フィラメントを真空中で加熱して熱電子を連続的に放出させ、陰極–陽極間にかけられた高電圧による強力な電場で加速したビーム（電子の流れの束）である。

電子ビームは電子の流れであるため、**図3.9**に示すように金属中に入射した電子が格子振動を起こさせて発熱し溶融させることから、溶融状況もレーザとは異なり、溶融速度は速い。

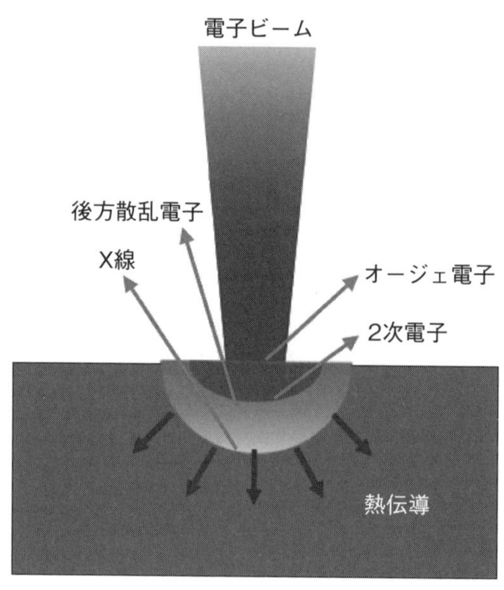

図3.9　電子ビームによる固体での物理現象

電子入射時には、オージェ電子、２次電子、特性Ｘ線などを散乱するとともに、後方散乱電子としてエネルギーが失われるが、70～80％は熱エネルギーとして変換されるといわれている[1)]。

電子ビームによる溶融における主な特徴は、次のとおりである。

①真空中プロセスであるため、高品質の造形ができる
②高速（数千 m/s 以上）での造形が可能である
③高吸収率であるため、高融点材料の溶解が可能である

☆ポイント☆
・電子ビーム積層造形は溶融速度が速い
・高融点材料の溶解が可能

(2) 電子ビーム積層造形プロセス

電子ビーム積層造形においては、バルク材と異なり、金属粉末からなるパウダーベッドは電子ビーム照射により負に帯電するためにチャージアップが起こり、電子ビームにより発生する磁場により粉末同士はクーロン斥力により運動し始め、ローレンツ力によりパウダーベッドの飛散現象（スモーク現象）が発生すると報告されている[9)]。

電子ビームはレーザと異なり高速に照射できるため、パウダーベッドに電子ビームを予備照射して高温に加熱して金属粉末同士をわずかに接触（仮焼結）させて電気伝導が起きるようにした後、電子ビームによる本溶融を行って造形している。電子ビームは内部での熱発生のために、レーザよりメルトプール*が大きくなり、表面も荒れやすい[2)]。

＊メルトプール：パウダーベッドが溶融した際に形成される涙滴状の液体金属の冷域。溶融池とも呼ぶ。(Melt Pool)

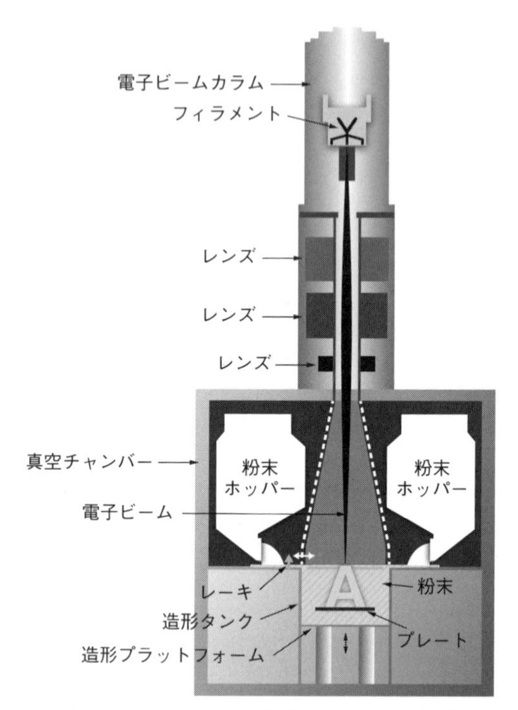

(エイチ・ティー・エムの資料をもとに著者作成)

図 3.10　電子ビーム積層造形およびプロセス

電子ビームプロセスは、2.2 節で述べたように、上述のような理由で仮焼結を行った後、本溶融による造形を行うプロセスとなっている。

☆ポイント☆

・電子ビーム積層造形では、スモーク現象防止のため仮焼結が必要
・電子ビームは内部での熱発生のために、表面が荒れやすい

3.5　レーザ積層造形と電子ビーム積層造形の比較[1)]

レーザは光で、電子ビームは電子の流れであるため、上述したように金属へ照射後の溶融状況は異なることから、金属積層造形体の造形状況も異なる。**表3.1**に、レーザ積層造形と電子ビーム積層造形の違いをまとめて示しておく。

レーザ積層造形では、電子ビーム溶融に比べて粒径の小さい粉末を用いるため、表面粗さや寸法精度に優れており、材質的には適用範囲は広い。

表3.1　レーザ積層造形と電子ビーム積層造形の比較

項　目	レーザ溶融	電子ビーム
	光（電磁波）	電子（物質波）
熱の発生	表面で熱に変わる	内部から0.1 mmの辺りで熱に変わる
効率	物質による（波長があり金属により吸収率が異なる）	80 %程度（20 %は反射電子）
積層厚さ	20〜40 μm	50〜70 μm
造形速度	〜20 cm^3/h	〜70 cm^3/h
雰囲気	不活性ガス	真空
適応材料	Ti64、CoCr、Inconel、AlSi、Stainless steel、Cu	Ti、Ti64、CoCr、Cuなど
残留応力	大	小
表面粗さ	良	劣る
寸法精度	±0.05 mm	±0.1 mm

（技術研究組合次世代3D積層造形技術総合開発機構編、「設計者・技術者のための金属積層造形技術入門」、2016年をもとに著者作成）

一方、電子ビーム積層造形はレーザに比べて出力が高いために、高融点材料や真空中での溶融となるために酸素などの不純物を嫌うチタンなどの材質には有効である。また、電子ビーム積層造形では仮焼結を行い、高温での造形を行うために残留応力は小さいが、仮焼結と製品の取出しの際のブラスト作業など余分な工程が必要となる。

また、電子ビーム溶融では、高温での造形となることから組織の違いが明確となる。Ti6Al4V 合金においては、レーザ積層造形では針状組織となるのに対して、電子ビーム溶融ではかなり大きな結晶粒となることが知られている。他の合金においても同様の報告がなされている。

このように、どちらの方式も長所・短所があるため、対象の材質や製品を明確にして選択することが重要である。

☆ポイント☆

- ・レーザ積層造形と電子ビーム積層造形の造形状況は異なる
- ・レーザ積層造形は表面粗さや寸法精度に優れる
- ・電子ビーム積層造形は酸素などの不純物を嫌うチタンなどの材質に有効
- ・電子ビーム積層造形では残留応力が小さい

【演習問題】

(1) レーザと電子ビームにより生じる物理現象の違いを述べなさい。これによって、溶融状況がどのように違うのか考察しなさい。

(2) レーザパウダーベッド方式においては、熱変形が生じやすいために走査パターンを検討することは重要である。走査パターンの違いによる変形の違いや組織の違いについて調査してみなさい。また、できる限り熱変形を防ぐ方法について検討してみなさい。

(3) レーザ積層造形と電子ビーム積層造形による造形体の組織や機械的特性の違いについて調査してみなさい。

(4) Ti6Al4V 合金製の航空機部品を製造する場合、レーザパウダーベッド方式の装置と電子ビームパウダーベッド方式の装置のどちらを使用するか、その理由も併せて述べなさい。

参考文献

1）技術研究組合次世代3D積層造形技術総合開発機構編，設計者・技術者のための金属積層造形技術入門，(2016).

2）I. Gibson, D. W. Rosen, B. Stucker, Additive Manufacturing Technologies: Rapid Prototyping to Direct Digital Manufacturing, Springer, (2010).

3）L. Yang, K. Hsu, B. Baughman, D. Godfrey, F. Medina, M. Menon, S. Wiener, Additive Manufacturing of Metals: The Technology, Materials, Design and Production, Springer, (2017).

4）L. N. Carter, et al., Journal of Alloys and Compounds 615 (2014) pp. 338–347.

5）永井治彦，レーザープロセス技術～基礎から実際まで～，オプトロニクス社 (2000).

6）E. Schubert, et al., "New Possibilities for Joining by Using High Power Diode Lasers", LIA Processing ICALEO'98, Vol. 85, G111.

7）http://laser-navi.com/laser_technology/technical_paper/smfbl/

8）https://www.jeol.co.jp/science/3d.html

9）千葉晶彦，"電子ビーム積層造形技術による金属造形の特徴"，計測と制御，Vol. 54, (2015), pp. 399–404.

10）https://www.geaviation.com/

11）L. E. Murr, S. A. Quinones, S. M. Gaytan, M. I. Lopez, A. Rodel, E. Y. Martinez, D. H. Hernandez, E. Martinez, F. Medinac, R. B. Wicker, "Microstructure and mechanical behavior of Ti–6Al–4V produced by rapid-layer manufacturing, for biomedical applications", J. Mechanical Behavior of Biomedical Materials, 2 (2009), pp. 20–32.

12）京極秀樹，近畿大学次世代基盤技術研究所報告，7 (2016), pp. 53–57.

コラム3

金属積層造形装置の導入における注意点[12)]

我が国においても、金属3Dプリンタが導入されてきており、今後さらに導入が進むものと予測される。近畿大学次世代基盤技術研究所・3D造形技術研究センターでは、2014年にTRAFAMプロジェクトの要素技術研究機による研究開発とSLM Solutions社製SLM280HL（**図3.11**）を導入して共同研究および人材育成を行っている。その経験から装置の導入時には、次の点を注意しておくことが重要である。

(1) 対象製品（ターゲット）を明確にしておくこと

自社試作品・製品、他社試作品・製品に関わらず対象製品を明確にしておくことが重要である。各社の装置は、カタログ上の性能は同じように見えるが、実際はそれぞれ特徴があるため、製品の形状や大きさ、材質などの対象製品に合った装置選択が重要である。このため、導入にあたっては、十分な装置の調査を行うことが必要である。

(2) AM技術導入への事前対応をしておくこと

金属3Dプリンタによる造形には多くの因子が関係するため、事前に樹脂用3Dプリンタを導入して、3D-CADの習得、サポートなどを含めた設計手法など基礎的な技術を習得した人材の育成が重要である。各種セミナーに参加して、十分な情報収集をしておくことが必要である。可能であれば、事前に装置を利用した実習を行っておくことも必要である。

また、本技術の活用のためには、トポロジー最適化、構造解析、熱・流体解析などシミュレーション技術の導入は不可欠である。なかなか難しいことではあるが、設計技術の変革を行っておくことが重要である。

(3) 3Dプリンタ導入時に注意しておくこと

①粉末回収・処理装置など、周辺機器の検討

②メンテナンスへの対応状況

③金属粉末、ベースプレートなどの購入への対応

などが挙げられる。これらは意外とおろそかにされがちであるが、実際に稼働する際には重要で、十分に検討しておくことが必要である。特に、海外メーカーの装置が主流であるため、メンテナンスやアフターサービスには配慮しておくことが重要である。

(4) 導入後の装置の管理とノウハウの蓄積

導入後は、装置や粉末の管理・安全対策などのマニュアル作り、そして自社独自の造形レシピの作製や造形体の材料データベース化を行い、ノウハウの蓄積を進めていくことが重要である。

また、本技術を有効に活用していくためには、設計部門との連携も取りながら自社独自のノウハウの蓄積を行っていく必要がある。

本技術は、次世代の“ものづくり”において、核となる技術の1つである。本技術が普及するためには、技術開発はもちろんのこと、本技術を理解した設計者・技術者の育成が重要であり、近畿大学次世代基盤技術研究所・3D造形技術研究センターのような研究拠点の役割は重要である。

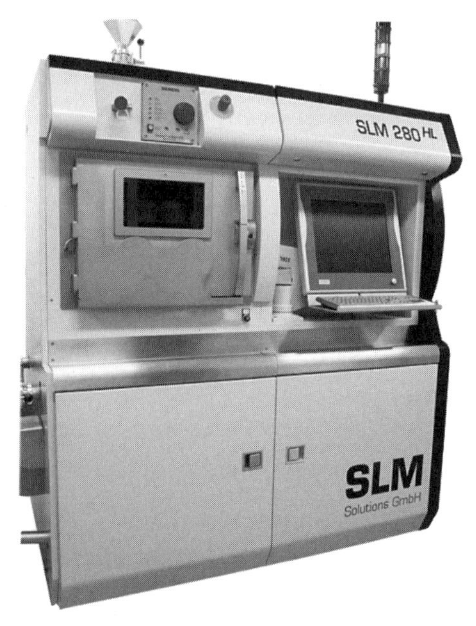

図3.11　SLM280HL（SLM Solutions 社製）

第4章

プロセス現象の解析

金属積層造形において、溶融凝固現象を知った上で最適造形条件を検討することは高品質の造形体の製造において極めて重要である。本章では、金属積層造形における溶融凝固現象と、これに基づく組織制御および熱変形現象について理解することを目的とする。

4.1　シミュレーションの概要

金属積層造形プロセスでの現象の解析には、その場観察と数値解析が用いられる。その場観察（in-situ monitoring）は金属積層造形装置に高速度カメラやサーモビューワなどの観察用機器を作り込んで、熱源走査による粉体の溶融凝固現象を観察したり、画像処理などを組合わせてワーク内に生じる欠陥を予想したりすることである。

金属積層造形装置自体が研究機関にあまり導入されていないため、観察用機器を仕込むこともままならず、現在までのところそれほど進展がない、もしくは、知見が公開されていない。

一方、数値解析による金属積層造形プロセスの現象のシミュレーションは多くなされてきている。一括りにシミュレーションによる解析というが、対象とする現象や用いられる手法によって様々な解析がなされている。

（1）数値解析の種類

パウダーベッド方式のSLM（Selective Laser Melting；選択的レーザ溶融）を例に取り、物理的な寸法と数値解析の種類を**図 4.1** に示す。

物理的な寸法は、一般的な造形物（ワーク）のスケールは10 mmを越え、数100 mm程度である。現在、SLM造形機の最大寸法は600 mm×600 mm×600 mm程度である。ワークを積層造形する時のパウダーベッドの積層厚さは30 μm～200 μm程度である。照射するレーザビームのスポット径も同程度のスケールで、80 μm～200 μm程度である。パウダーベッドを形成する粉体粒子の平均粒径、もしくは、粒径の中央値（d_{50}値）は積層厚さより

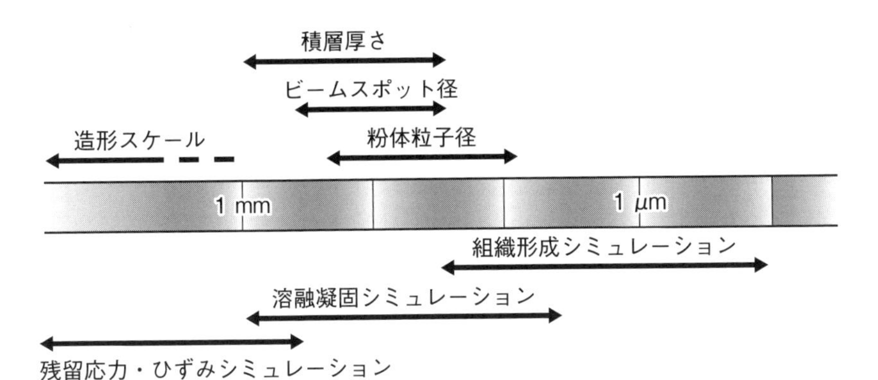

図4.1　パウダーベッド方式のSLM（選択的レーザ溶融）における物理的寸法と数値解析の種類の比較

若干小さめで同程度のスケールであり、現在用いられているものは粒径25 μm～80 μm程度である。SLMによる造形材の金属微細組織は鋳造材に比べ細かく、結晶粒径も～20 μm程度である。

このように物理的な寸法のスケール範囲はサブ・マイクロメートルから数百mmまで5桁に渡るため、それぞれの寸法スケールで異なる数値解析が適用されている。

まず、サブ・マイクロメートルから10 μm程度の領域では組織形成シミュレーションがなされている。マイクロメートルからミリメートルの寸法スケールでは溶融凝固シミュレーションがなされているが、スケールが小さい側では粉体そのものを扱うミクロ的な溶融凝固シミュレーション、大きい側ではパウダーベッドを平均化して物質として扱うマクロ的な溶融凝固シミュレーションがなされている。それより大きい、ミリメートルの寸法スケールでは造形物形状を扱う残留応力・ひずみシミュレーションがなされている。

(2) マルチスケール解析

SLMではスケール範囲が広い現象を扱うためにマルチスケール解析が適用されることとなるが、一般的にいわれるマルチスケール解析と金属積層造形に適用される現状のマルチスケール解析は若干様相が異なる。一般的なマルチスケール解析は微小領域から巨視的領域に物性値やモデルを積み上げていく。マイクロメートル・スケールの物質構造がわかっている、あるいは、設計されており、その構造と構成材料をもとに数十μmからミリメートルスケールの平均的な物性値を求める。その物性値をワークの部品のモデルに反映させ、ワーク全体の、例えば、力学的、熱的挙動を予測するわけである。

一方、金属積層造形では中間的なスケール範囲で行う溶融凝固シミュレーションが中心的な役割を担う。溶融凝固シミュレーションにより微小領域での温度場、凝固挙動を予測し、それをもとに、より微小なスケールでの組織形成シミュレーションを行う。逆に、溶融凝固シミュレーションをもとに数十μmから数mmのスケール範囲の凝固ひずみを予測し、巨視的シミュレーションに反映させて造形物全体の残留応力・ひずみシミュレーションを行う。

現在、微視的なシミュレーション、中間的なシミュレーション、巨視的なシミュレーションの間の連携を積極的に行って、金属積層造形プロセスを全スケール範囲に渡って評価した結果は示されていないが、将来的にはそのような解析がなされると考えられる。

以下、中間的なスケール範囲のシミュレーションとして溶融凝固解析、微視的なスケール範囲のシミュレーションの例として金属微細組織制御、巨視的なシミュレーションとして造形物の熱変形解析について述べる。

☆ポイント☆

・プロセスにおける現象の解析には、その場観察と数値解析がある
・数値解析は寸法スケールによって選択する

4.2　溶融凝固現象解析

SLM では金属粉を敷き詰めた粉体層、つまり、パウダーベッドにレーザを照射して金属粉を一旦溶融させて液体金属とし、その液体金属が粉体層の底の金属や隣の固体部分とつながり凝固することで金属の固体を形成していく。

図 4.2 に示すように、レーザビームが粉体層に照射され図中の右側から左側に走査された時、金属が液体となった溶融池（メルトプール；Melt Pool）が形成される。レーザビームは移動していくのでメルトプールは走査方向に

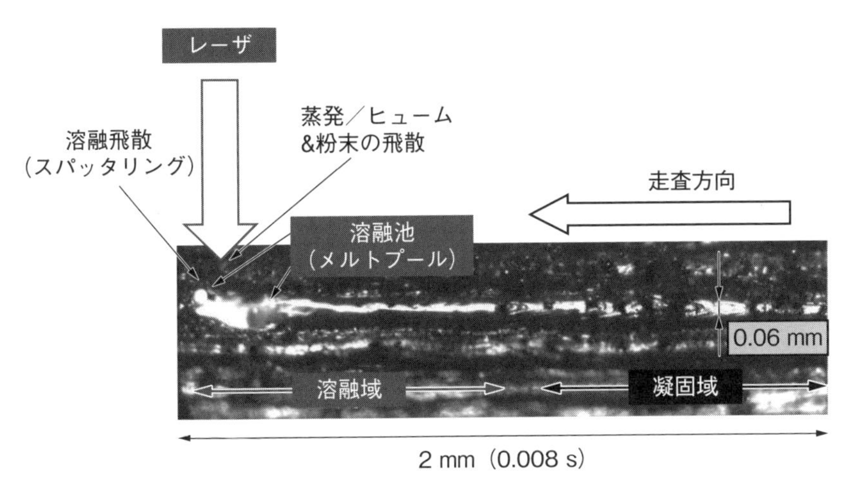

（出典：技術研究組合次世代 3D 積層造形技術総合開発機構編、「設計者・技術者のための金属積層造形技術入門」、2016 年）

図 4.2　溶融凝固に伴う諸現象[2)]

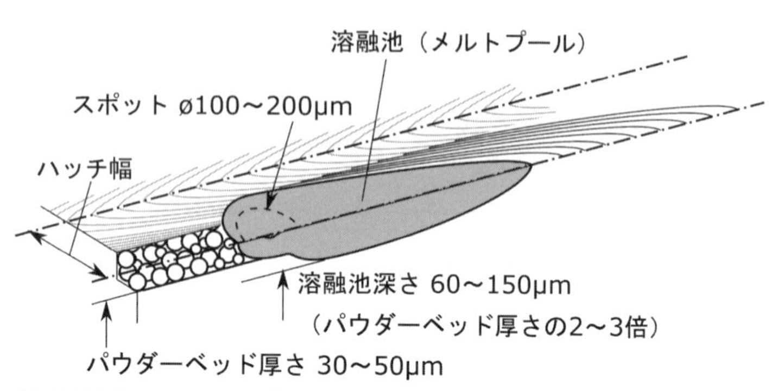

（技術研究組合次世代 3D 積層造形総合開発機構編、「設計者・技術者のための金属積層造形技術入門」、2016 年をもとに著者作成）

図 4.3　Ni 基合金インコネル 718 を想定したメルトプールの概略図[2]

拡大するが、後方は熱伝導により冷却されるので凝固部域が形成されていく。

メルトプールの寸法は金属粉の種類やレーザ照射条件により異なるが、メルトプールの概略は**図 4.3** のようになっていると予想される。この概略図は Ni 基合金インコネル 718 を想定している。パウダーベッドの厚さ dz が 30 µm〜50 µm 程度で、直径 100 µm〜200 µm のスポット径のレーザが照射されているとすると、メルトプールの幅はスポット径の 2〜3 倍程度、深さはパウダーベッド厚さの 2〜3 倍となる。

メルトプールの形状は涙滴型になると考えられ、ローゼンタール（Rosenthal）の解[1]で一次的には近似される。ローゼンタールの解は半無限板状移動する点熱源周りの温度場の解で、熱源の走査方向を軸とした軸対称の温度場となる。メルトプールは予測された温度場で金属の融点以上の領域となるので、やはり、軸対称とローゼンタールの解では予測される。

しかし、SLM ではメルトプールは軸対称とならない。サーモビューワでレーザ走査部分を観察すると温度場は粉体側が扁平で凝固側に膨らんだ非対称な形状となる（**図 4.4**）。また、メルトプール形状は一定ではなく、時々

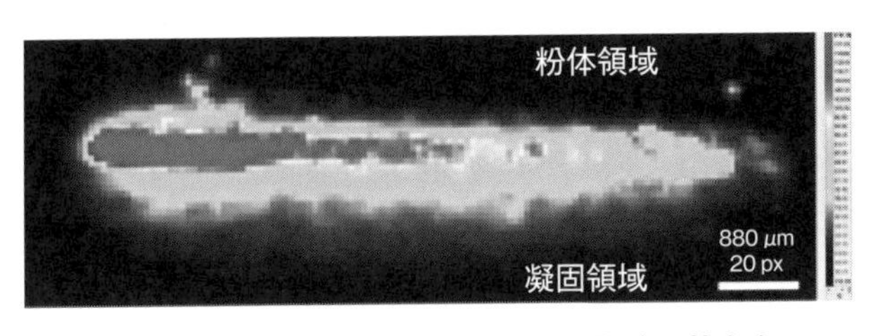

図4.4　レーザ走査部分近傍の温度場（Ni基合金インコネル718）

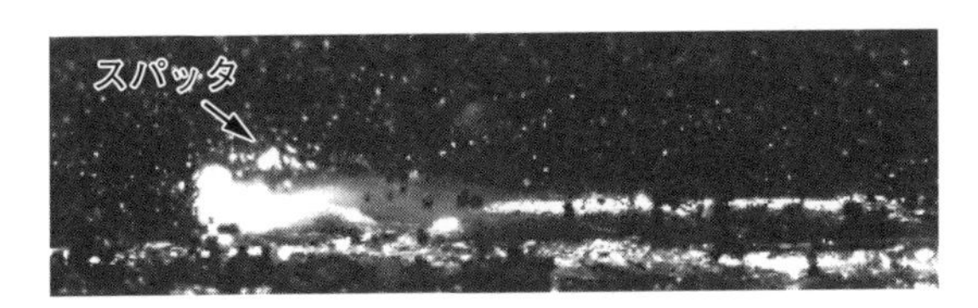

図4.5　レーザ走査部分近傍のメルトプールの挙動（Ni基合金インコネル718）

大きなスパッタを生じたりする（**図4.5**）。スパッタとは溶融金属の飛沫である。

SLMプロセスにおいてメルトプール形状が非対称で不安定となる理由は、まずパウダーベッドの熱伝導率が低いことである。パウダーベッドの熱伝導率は粉体と同じ組成のバルク体の熱伝導率の1/20～1/100と極端に低いため、レーザによる入熱が広がりにくい。逆に凝固した側は熱伝導率が高いため、熱が拡散しやすく高温部が拡がる。そのため、メルトプール形状が非対称となる。

さらに、パウダーベッドは粒径が異なる粉体が不均一に分布しているので溶融部の淵の形状が定まりにくく、メルトプールが不安定となる。そして、レーザ照射によりメルトプール内の液体金属は流動を生じ、表面が蒸発する。これらマランゴニ対流（Marangoni convection）と反跳力（Rcoil pressure）がメルトプール形状を不安定にする。

☆ポイント☆

・パウダーベッドが溶融して形成される液体金属の領域を溶融池またはメルトプールと呼ぶ

・パウダーベッド方式ではメルトプールが非対称で不安定

(1) マランゴニ対流

マランゴニ対流は液体の表面張力と表面の温度分布によって生じる液体の流動である。液体金属の表面張力σは温度Tによって変化する。

$$\sigma=\sigma(T)$$

液体金属表面に温度の分布があったとして、A点ではT_A、B点ではT_Bとすると、表面張力はそれぞれ、σ_A、σ_Bであり、$\sigma_A>\sigma_B$ならばB点からA点へ、逆に、$\sigma_A<\sigma_B$ならばA点からB点へ液体金属表面の流れが生じる。この表面の流れに誘発されたメルトプール内部の流れがマランゴニ対流である。

マランゴニ対流の駆動力は表面張力の位置による差なので

$$\tau=\frac{\partial\sigma}{\partial x}=\frac{\partial\sigma}{\partial T}\cdot\frac{\partial T}{\partial x}$$

であり、表面張力の温度係数$\partial\sigma/\partial \mathrm{T}$と、空間的な温度勾配$\partial \mathrm{T}/\partial x$の積となる。SLMでは、レーザによる局所的な加熱によって、レーザ照射部付近では100 μmの距離で2000℃以上の温度差となり、空間的な温度勾配は非常に大きくなる。

マランゴニ対流の温度勾配に対する流動方向は表面張力の温度係数によって決まる。**図4.6**に示すように、温度係数が負、$\partial\sigma/\partial \mathrm{T}<0$の時、表面では熱源から遠ざかる流れが生じる。逆に正の、$\partial\sigma/\partial \mathrm{T}<0$の時、熱源に集まる

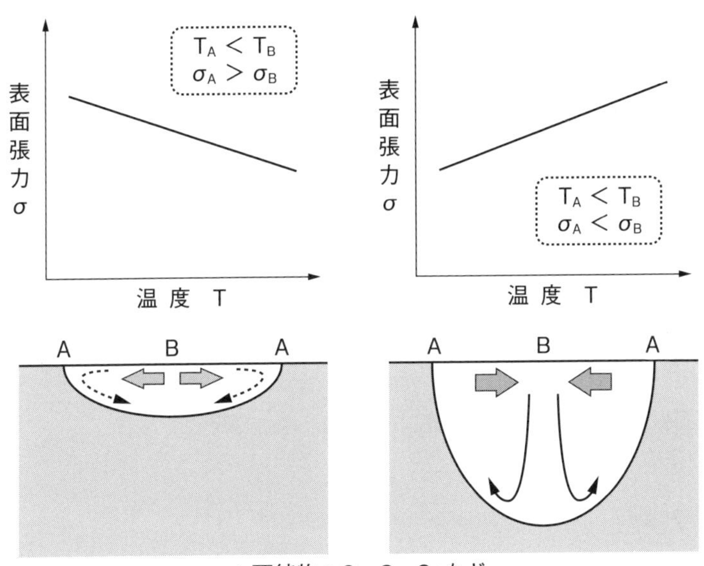

図4.6　点熱源によるマランゴニ対流[3)]

流れが生じる[3)]。

マランゴニ対流の方向を決める表面張力の温度係数は酸素濃度や微量な不純物によって大きさも符号も変化する[4)-6)]。酸素やリン、硫黄、セシウムなどの不純物をまとめて「表面活性元素」と呼ぶが、表面活性元素の濃度が低いと温度係数は負になり、高いと温度係数は正となる。液体の銀では酸素分圧が $P_{O_2} < 10^{-12}$ Pa と低いと融点以上で表面張力は温度とともに小さくなり、温度係数は負となる[5)]。酸素分圧が $P_{O_2} = 10^2$ Pa と高いと、表面張力は 1550 K 付近までは温度とともに増大するが、それ以上では減少する。つまり、温度係数は 1550 K 以下では正、以上では負となる。このような表面張力の温度に対するブーメラン型挙動は鉄など他の金属ではより顕著となる。

SLMでは雰囲気中の酸素濃度は～10^2 Pa程度であり、溶融した粉体の表面張力は温度に対してブーメラン型挙動をすると考えられるが、数値解析などには考慮に入れられていないことが多い。レーザ照射部が蒸発点以上に高温になるため、表面張力の温度勾配は負と近似していると考えられる。

☆ポイント☆

- マランゴニン対流は液体の表面張力と表面の温度分布によって生じる液体の流動
- マランゴニ対流の流動方向は表面張力の温度係数で決まる
- 表面張力の温度係数は酸素濃度、不純物によって変化する

(2) 反跳力

レーザビーム照射部近辺は局所的に加熱され、レーザスポット中央部では溶融した金属がさらに加熱されて蒸発すると考えられている。溶融部が蒸発する様子を直接的に観察した例はないが、レーザ窓や造形チャンバ窓に金属が蒸着した膜が形成されることは溶融金属が蒸発していることの間接的な証拠である。このような金属蒸気を「ヒューム」と呼んでいる。レーザ照射を妨げることから、ヒュームの除去対策は重要である。

液体金属が蒸発する時には、気体金属が雰囲気の気体を押し退けなければならない。雰囲気の気体を押し退ける力の反力が液体金属表面に加わる。これを「反跳力」(Recoil pressure) と呼ぶ。

反跳力によってメルトプールの液体金属は押し退けられるため、メルトプールは深くなると考えられている。また、押し退けられた液体金属の一部がスパッタとして飛び出すと考えられている。これらの現象を模式的にしたのが、**図4.7**である。

SLMプロセスはレーザ溶接プロセスのアナロジーで考えられることがある。

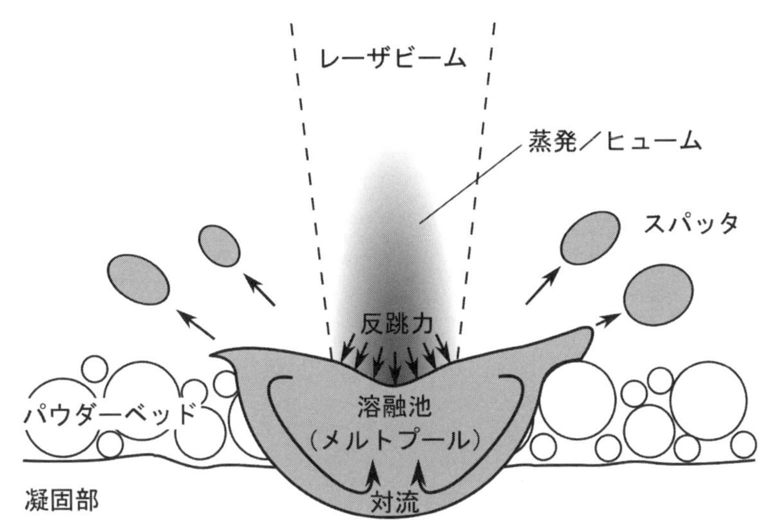

（技術研究組合次世代 3D 積層造形総合開発機構編、「設計者・技術者のための金属積層造形技術入門」、2016 年をもとに著者作成）

図 4.7　レーザ積層造形における溶融現象の模式図

双方とも金属にレーザを照射して溶融凝固させるからである。レーザ溶接プロセスではレーザビーム照射部の液体金属中に蒸発と反跳力によって細長い円筒形の空隙、いわゆる、キーホールが形成される。

SLM においても同様にキーホールが形成されてメルトプール内の流動を促しているとする説もある[7]。しかし、高速度カメラなどでのその場観察の結果は示されていない。また、キーホール形成とともにスパッタを生じるとの数値解析での説明もされている[8]。

図 4.8 に示すように、溶融金属の蒸発はレーザビームの照射部の周りでは気流を起こし、周囲の粉体も流動させるといわれている[9]。溶融金属の蒸発により金属蒸気ジェットを生じると、周囲の雰囲気にレーザ照射部に向かう局所的な気流ができて、周囲の粉体が巻き上がったりメルトプールに飛び込

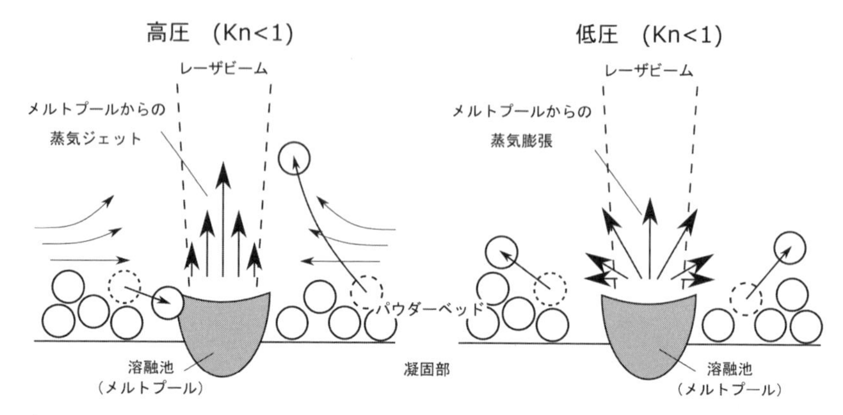

（Matthews, M. J. et al., "Denudation of metal powder layers in laser powder bed fusion processes", Acta Materialia, 114（2016）, pp. 33–42 をもとに著者作成）

図 4.8　積層造形における圧力の違いによる溶融凝固現象の模式図[9]

んできたりする。

また、金属蒸気が周囲の膨張する流れを生じると、周りの雰囲気がレーザ照射部から遠ざかる局所的な気流ができて、周囲の粉体がレーザ照射部からなくなったり、外部に向かって飛び出したりすると考えられている。

☆ポイント☆

- ・レーザ照射にはヒューム対策が重要
- ・反跳力によってメルトプールは深くなる

（3）溶融凝固シミュレーション

レーザビーム照射部周りの粉体の溶融凝固現象を溶融凝固シミュレーションにより微小領域での温度場、凝固挙動を予測するが、溶融凝固シミュレーションには概して２通りの方法がある。

１つは解析領域に仮想的に多数の粉体を分布させ、レーザビームを照射、走査する粉体溶融凝固シミュレーション。もう１つがパウダーベッドをモデル化しバルク体と仮定する巨視的溶融凝固シミュレーションである。

粉体溶融凝固シミュレーションにおけるパウダーベッドでの仮想的な粉体の分布、配置は粒径が単一の粒径分布で最密充填する簡便な方法で近似的になされることが多い。最近では一定の粒度分布を持った粉体を離散要素法（Discrete Element Method；DEM）により敷き詰める方法も採られてきている。敷き詰め方は上方から仮想的に粉体を堆積させる方法や、粉体の山に板を側方から当ててスキージング過程を模擬する方法もある。

このように仮想的に作成しパウダーベッドに対してレーザを照射、走査をし、粉体の溶融凝固を含めた数値解析が行われている。通常、粉体の物性値はバルク体の物性値と同じものが用いられ、レーザ吸光係数も、表面に対する照射角度を考慮する必要があるが、バルク体の値が用いられる。溶融した液体金属に関しては表面張力、気体の蒸発に関して反跳力を考慮している。現在までのところ、粉体の位置は固定され、液体金属との接触や、蒸発に伴う気流による粉体の移動は考慮されていない。

粉体溶融凝固シミュレーションは粉体の溶融、メルトプールの形成、液体金属の流動、凝固、スパッタの発生まで模擬することができ、溶融凝固過程の諸現象の解明に有用な手段である。しかし、現状では大規模な計算リソースを必要とする。

レーザ照射条件などのプロセスパラメータを変化させて最適なパラメータを探索するには、現状では、巨視的溶融凝固シミュレーションを用いる。これはパウダーベッドをモデル化しバルク体と仮定し、液体金属の流動や反跳力によるキーホール形成などの考慮は省く。物理現象を忠実に再現しない代わりに計算リソースは少なくて済み、解析範囲を数 mm 程度に限定すれば、実用的である。

図 4.9 は純銅粉パウダーベッド上のレーザ走査でハッチ幅を変化させた場

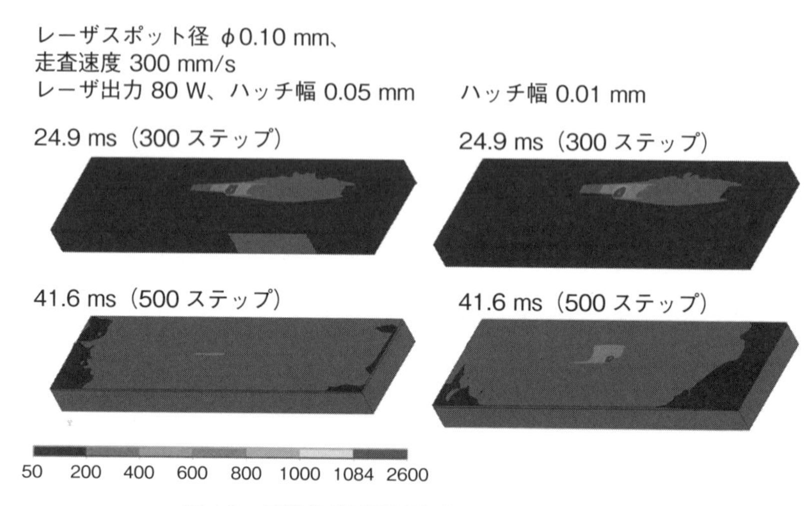

図 4.9 巨視的溶融凝固シミュレーションの例

合のメルトプール形状の変化を予測した結果である。ハッチ幅が 0.05 mm では数回の走査の後にメルトプールが形成されなくなることを示している。

ハッチ幅を変化させた際のメルトプール寸法（幅、長さ、深さ）の変化を**図 4.10** に示す。ハッチ幅が 0.05 mm ではメルトプールがなくなる時間があるが、ハッチ幅 0.10 mm、0.15 mm では同様に安定したメルトプールが得られることが示されている。しかし、メルトプールの深さの予測は実際の造形結果より浅いとされている。これはメルトプールの流動や反跳力の影響を考慮していないためと考えられる。

以上の結果からハッチ幅が 0.05 mm は不適切な造形条件であり、ハッチ幅 0.10 mm と 0.15 mm については解析結果から他の指標を抽出するか、実際に造形を行ってどちらが最適条件か判断する。

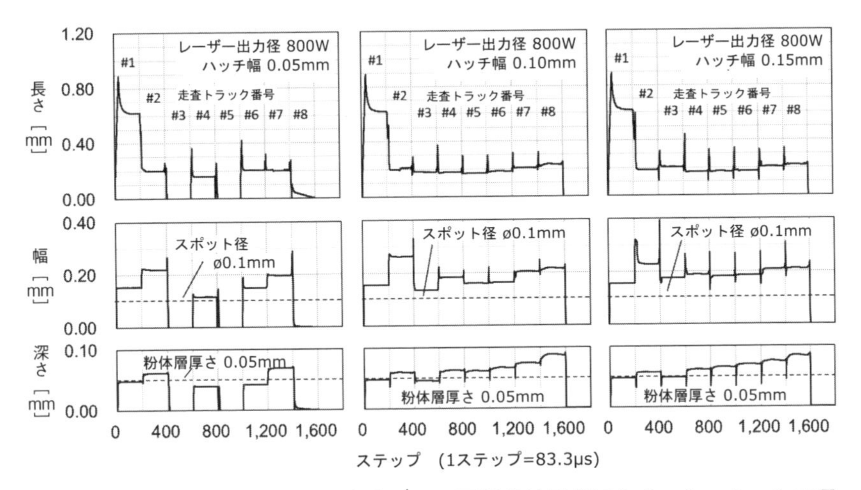

図 4.10　プロセスパラメータを変化させた巨視的溶融凝固シミュレーションで予測されたメルトプール寸法

☆**ポイント**☆

- 溶融凝固シミュレーションには２通りある
- 粉体溶融凝固シミュレーションは溶融凝固過程の解明に有用
- 巨視的溶融凝固シミュレーションは最適なパラメータ探索に有用

4.3 組織制御

(1) 凝固マップ

鋳造などで液体金属を冷却して凝固させる際には、凝固してできた金属微細組織の様相が、凝固速度、温度勾配、冷却速度により異なってくることが知られている。凝固速度は巨視的には凝固した領域が拡大する速さを表すが、微視的に固液の界面を観察する場合には液相と固相の界面の移動速度である。温度勾配は空間的な温度の変化である。冷却速度は時間的な温度の変化である。

凝固速度 R m/s と温度勾配 G K/m により得られる組織の様相を示した図が凝固マップである（**図 4.11**）。成長速度が高く温度勾配が小さい時は等軸晶（equiaxed dendrite）となり、逆に、成長速度が小さく温度勾配が大きいと柱状デンドライト（columnar dendrites）と、セル状組織となる。冷却速度 $\dot{T}$ K/s は $|\dot{T}| = |R \cdot G|$ なので、冷却速度一定は図中では斜め線として描かれている。冷却速度が小さい時には等軸晶の結晶粒が大きくなり、柱状晶の柱の間隔は広くなる。逆に、冷却速度を大きくすると細かい結晶組織ができやすくなる。成長速度を抑えながら温度勾配を大きくすると固液の界面が平面状となる。

図 4.11 の中には等軸晶と柱状晶の領域を分ける曲線が示されている。実際には等軸晶と柱状晶が同時に成長する混合領域が、この曲線に一定の幅を持たせて存在する。

この境界線は R と G が十分大きな領域では凝固マップ上で直線となる（**図**

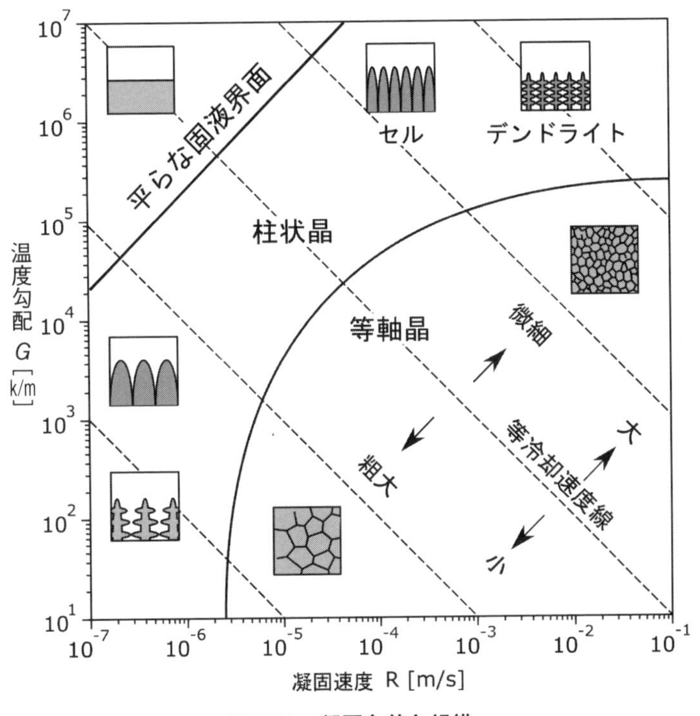

図 4.11　凝固条件と組織

4.12)。合金では合金組成での液相線と固相線の差$\triangle T_E$温度、液相中の拡散係数D_Lで、

$$\frac{G}{R} \propto \frac{\triangle T_E}{D_L}$$

と表すことができる[10)]。つまり、

$$G \cdot R^{-1} = const.$$

であるが、直線の傾きは、一般性を持たせて、1/k と便宜的にすると、

$$G \cdot R^{-1/k} = const.$$

となる。

金属積層造形では温度勾配 G K/m、凝固速度 R K/m は扱いにくいので、レーザビームや電子ビームといった熱源の出力 P W と走査速度 v m/s で表したプロセスマップに組織の状態をプロットする。メルトプールが長さ l m、幅をレーザスポット径の2倍、2ϕ m、メルトプール内の最高到達温度を沸点 T_bK、最低温度を液相線温度 T_f と大まかに近似する。凝固速度 R K/m はメルトプール最後尾部の移動速度で代替すると、

$$R = v$$

温度勾配は最高到達温度と最低温度の差がメルトプール先頭と最後尾で生じたとして、

$$G = \frac{(T_b - T_f)}{l}$$

と近似できる。

ここで、メルトプール形成に必要な熱源出力 P W をメルトプール体積から推定することで、メルトプール長さ l を P で表す。メルトプール形状は通常、半無限体表面の涙滴型と仮定されるが、ここではさらに近似的にメルトプール幅を底円直径、高さをメルトプール長さとした円錐形とする。ベースプレート温度から液相線温度まで加熱に要する熱量を $\triangle H$ J/kg、液相密度を ρ kg/m^3 とすると、

$$P = \varepsilon \cdot \rho \triangle H \cdot \pi \phi^2 l$$

ε は熱源の金属への吸収率である。粗い近似であるが、$P \propto l$ なので比例係

数 C を用いて、

$$G = C \cdot \frac{(T_b - T_f)}{P}$$

結局、凝固マップでの境界線は、第一次近似的に、

$$P \cdot v^k = const.$$

と表すことができる。また、温度勾配は、

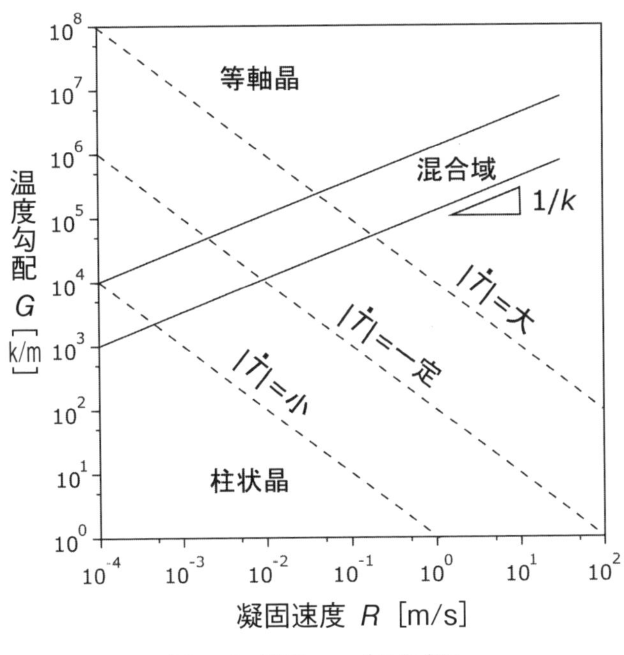

図 4.12　凝固マップの模式図

$$P \propto \frac{l}{|\dot{T}|} \cdot v$$

となる。

図 4.13 に示すように v vs. P のプロセスマップでは等軸晶、柱状晶、混合域は原点に向かって凸な曲線で区切られる。熱源出力 P が小さく、走査速度 v が遅い時には柱状晶になりやすく、逆に大出力で高走査速度では等軸晶が形成されやすくなる。また、冷却速度 $\dot{T}$ が小さい時には粗大化した組織が得られ、大きい時には微細化した組織が得られる。

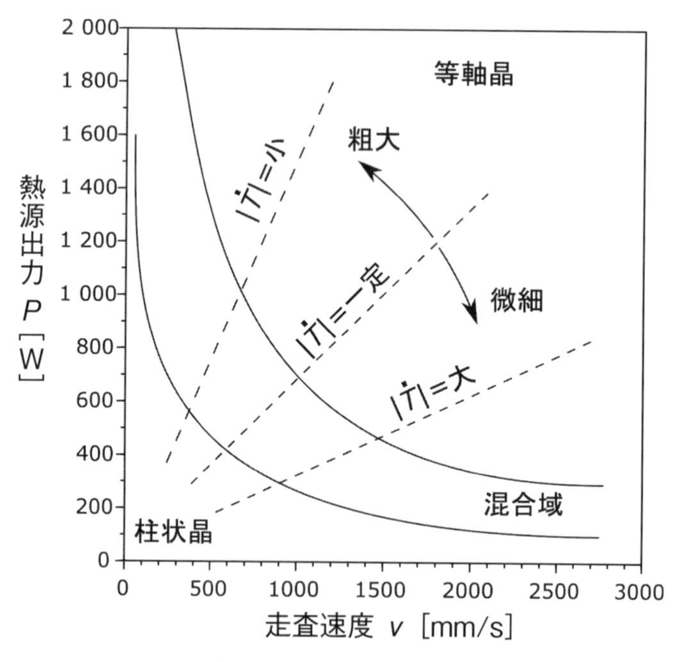

図 4.13　プロセスマップ上の凝固組織の模式図

☆ポイント☆

・凝固速度は巨視的には凝固した領域の拡大速度、微視的には液相と固相の界面の移動速度
・温度勾配は空間的、冷却速度は時間的な温度変化

(2) 組織制御

金属積層造形では、造形物周囲の粉体層は熱伝導率がバルク体と比較して非常に低いため、入熱の大部分は既に凝固した下側の層に散逸していく。そのため、柱状晶が形成される造形条件では積層方向に柱状晶が伸びる形態となる。

図 4.14 は EBM（Electron Beam Helting；電子ビーム溶融）で造形した CoCrMo の丸棒の組織の EBSD 像である[12]。柱状晶が造形方向（z–axis）に形成されていることが明瞭に示されている。

EBM プロセスで組織が柱状晶から柱状晶と等軸晶の混合領域に変化することが Ti–6AL–4V の造形で確かめられている[13]。金属材料組織は目視で確認されているが、温度勾配 G K/m、凝固速度 R K/m を変化せることで柱状晶から混合領域となることが示されている。

逆に、凝固マップ上で柱状晶となる領域と混合領域となる領域から造形条件を求め、1 つの造形物の中で異なる組織状態を作り込む組織制御も試みられている[15]。

☆ポイント☆

・柱状晶の造形条件では積層方向に柱状晶が伸びる
・温度勾配と凝固速度を変化させると、柱状晶から混合領域となる

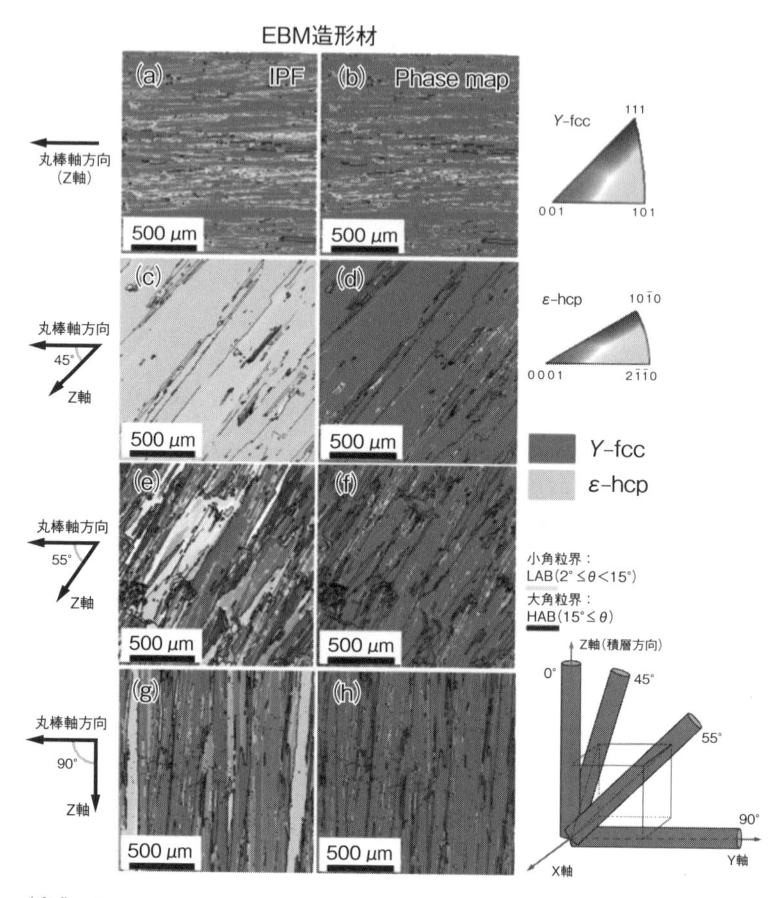

(出典：Sun S. H., Koizumi Y., Kurosu S., Li Y. P., Matsumoto H., Chiba A., Build direction dependence of microstructure and high-temperature tensile property of Co-Cr-Mo alloy fabricated by electron beam melting., Acta Materialia. 2014; 64: 154-68. Fig. 9)

図 4.14　CoCrMo 合金の EBM による造形方向と組織[12)]

4.4　熱変形解析

金属積層造形プロセスは、厚さ数10 μm程度の薄いパウダーベッドにレーザ照射して金属粉体を溶融凝固することを繰返す。いわば、マイクロメートルスケールの溶接ビードを積み重ねるような工程であり、微視的な肉盛溶接プロセスと理解することもできる。

肉盛溶接では肉盛りした溶接金属の凝固収縮やワークの熱膨張を考慮した施工をしないと、ワークの変形が顕著になる。金属積層造形でも同様に、粉体の溶融凝固に伴う凝固収縮と造形物に変形が生じる。

例として、**図4.15**にインコネル718丸棒を造形した際に生じた変形を示す。長さ60 mm×ϕ12 mmの丸棒にサポート構造を付加して造形すると、両端が中央に引張られ、下側が反り上がった形状となった。そして、造形途中でサポート構造がベースプレートから外れている。その結果、端面形状は円から大きく異なるものとなった。

この例では、造形物の寸法が比較的小さく、上端まで造形が終了できたが、

図4.15　丸棒造形時の変形

反り上がりが積層厚さよりも大きくなれば造形過程は停止する。このように、金属積層造形中の変形は最終形状への影響と造形過程への影響がある。

そこで、金属積層造形過程における熱変形を予測する数値シミュレーション技術の開発が必要となっている。精度の高い熱変形解析シミュレーションには大別して２つの方法がある。１つは熱弾塑性解析、もう１つは固有ひずみ法である。そして、それぞれに、積層過程を考慮しない解析、積層過程の考慮する解析、積層過程を考慮した上でレーザ照射パターンも考慮する解析と分類される（**図 4.16**）。

積層過程を考慮しない解析は造形物のモデル形状に対して一様な初期条件を設定して解析する方法である。最も単純な解析方法で、予測精度は低いが解析リソースは小さい。積層過程を考慮する解析は、造形物を一定の厚みごとに区切って境界条件を負荷していく方法である。各層は解析開始時には、第１層以外は解析から除外されており、順々に層を解析に取込む（アクティベートしていく）。この際の一定の厚みとは必ずしも実際の積層厚さとは一致せず便宜的なものである。

レーザ照射パターンを考慮する解析は、各層の解析ステップにおいて熱源の移動を考慮する方法である。レーザ照射パターンは一般的な蛇行型を短冊状に行うもの、チェッカーボード形式のように一定の正方形を塗りつぶしていくものと種々用いられている。この解析方法が最も造形プロセスを詳細に再現するが、大きな計算リソースが必要となる。

☆ポイント☆

- 金属積層造形中の変形は最終形状への影響と造形過程への影響がある
- 熱変形解析シミュレーションには熱弾塑性解析と固有ひずみ法がある

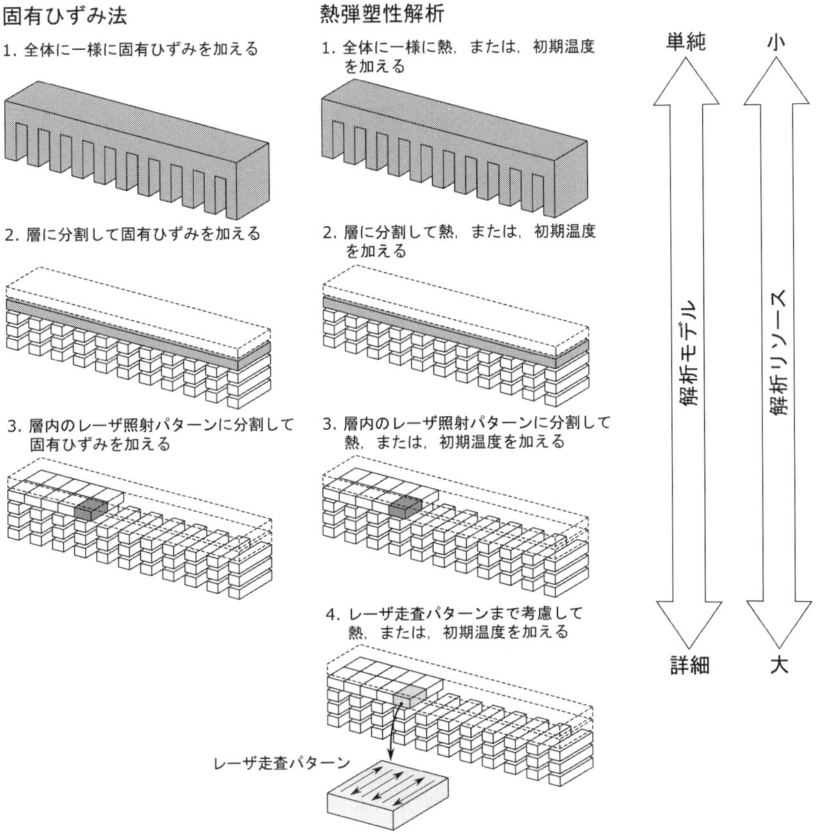

固有ひずみ法
1. 全体に一様に固有ひずみを加える
2. 層に分割して固有ひずみを加える
3. 層内のレーザ照射パターンに分割して固有ひずみを加える

熱弾塑性解析
1. 全体に一様に熱，または，初期温度を加える
2. 層に分割して熱，または，初期温度を加える
3. 層内のレーザ照射パターンに分割して熱，または，初期温度を加える
4. レーザ走査パターンまで考慮して熱，または，初期温度を加える
レーザ走査パターン

単純　解析モデル　詳細
小　解析リソース　大

図 4.16　熱変形解析方法の分類

(1) 熱弾塑性解析

熱弾塑性解析は、伝熱解析と変形解析を連成させ熱変形の予測を直接的に行う方法である。有限要素法では節点変異と節点温度を同時に解く直接的な構造-伝熱連成解析と、伝熱解析の節点温度解を境界条件として節点変異についての構造解析を行うシーケンシャル構造-伝熱連成解析がある。直接連

成解析は精度よく熱変形を解くことができるが、比較的計算リソースを要求し、特に計算時間が長くなる傾向がある。

そこで、シーケンシャル連成解析が用いられるが、SLMプロセスではひずみによる熱の発生は考慮する必要がないので、伝熱解析から構造解析への一方向のシーケンシャル連成解析で十分である。熱弾塑性解析に積層過程を考慮する時には積層は便宜的な厚さに区切ると前述したが、さらに伝熱解析を数層行った後に構造解析を行う連成方法もある。便宜的な積層厚さと伝熱解析と構造解析の連成比と解析のパラメータは増えるが、調整次第で効率よい解析ができると考えられる。

積層過程に加えてレーザ照射パターンも考慮した熱弾塑性解析では、最も詳細で忠実な解析結果が得られるが、膨大な計算リソースを要求する。これを克服するために理想化陽解[16)17)]を積層造形に用いた解析では計算リソース、計算時間を大幅に節約することができるとされている[18)]。

☆ポイント☆

- 熱弾塑性解析には直接連成解析とシーケンシャル連成解析がある
- 直接連成解析は精度はよいが、計算時間が長い
- SLMプロセスではシーケンシャル連成解析が用いられる

(2) 固有ひずみ法

固有ひずみ法は、もともと、溶接部の残留応力を推定するために開発された解析手法である[19)]。構造物や部材において残留応力が生じていて、それにより歪んでいる場合、そのひずみを取除くと、その構造物や部材が無応力状態になる。この応力の発生源となっているひずみを「固有ひずみ」(inherent strain) と呼ぶ[20)]。

固有ひずみと残留応力は弾性的に対応しているので、計測により固有ひず

みを求めれば、原理的には、残留応力も同時に求められる。しかしながら、任意の三次元形状では計測ひずみと固有ひずみの関係を求めることは困難であるため有限要素法を用いて逆問題を解くことで固有ひずみを求める。これが固有ひずみ法である。

金属積層造形における固有ひずみ法の適用は、予め基本的な形状について固有ひずみを求めておき、造形物全体に、あるいは積層ごとに固有ひずみを与えていく。造形物全体に与える際には造形物を基本形状で分割して、それぞれの分割部分に固有ひずみを境界条件として負荷する。積層を考慮する際には、便宜的な積層々を基本形状で分割して固有ひずみを負荷する。レーザ照射パターンまで考慮した解析では、まず、積層する層を基本形状で分割してレーザ照射パターンの順に固有ひずみを付加していく。基本的な形状としては、便宜的な立方体であるとか、積層プロセスに忠実であることを志向するなら、例えば、レーザ照射パターンでチェッカーボードを用いた際のユニットパターンとなる正方形である。また、メルトプール寸法形状を直方体と大胆にデフォルメして基本形状とし、レーザ照射パターンに応じて固有ひずみを負荷する方法なども提案されている[21)]。

最も単純な熱変形解析は、造形物の初期温度を融点とし、境界条件として室温を与えた際の変形を線膨張係数のみで得る方法である。比較的単純形状の造形物であれば、変形の概略を把握することはできる。

図 4.17 は片持ち梁を中央から両側に伸ばした両片持ち梁試験片について、熱変形シミュレーションの結果と造形物の実測の比較を示している。解析結果では設計値と比較して全体的に収縮していることが示されている。実測値との差は 0.2 mm 程度であり、試験片の大きさに対しては１％以下である。積層造形後の全体の熱変形の概略を把握することはできると思われるが、積層造形過程での変形は予測できず、積層造形が最後まで終了できるかは判断ができない。

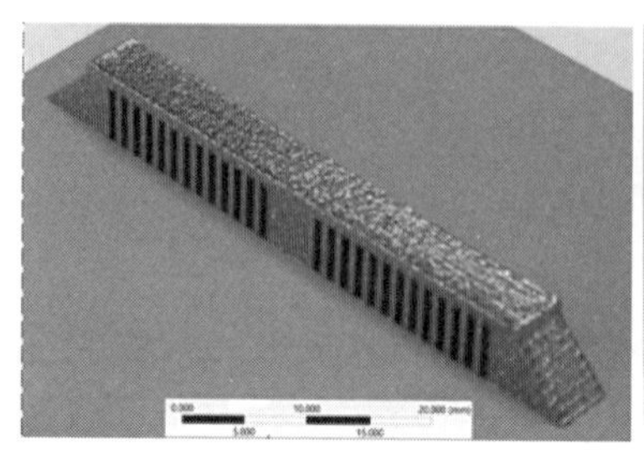

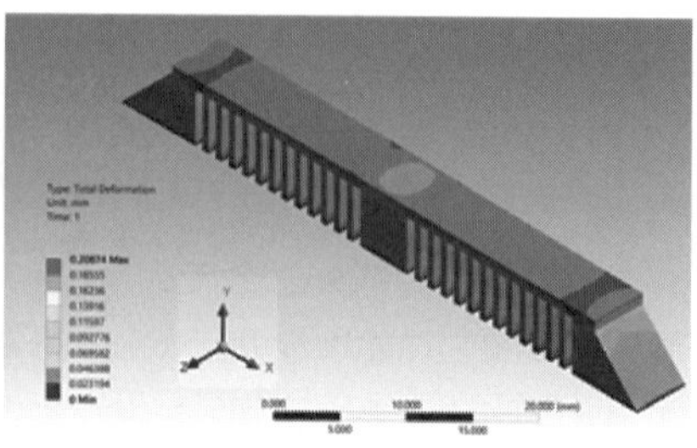

	設計値	実測値	FEM解析値
長さ	45	44.77（−0.51 %）	44.88（−0.27 %）
高さ	6	5.92（−1.33 %）	5.85（−2.50 %）
幅	5	5.03（0.60 %）	4.88（−2.40 %）

単位：mm

図4.17　インコネル718両片持ち梁熱変形シミュレーション[22)]

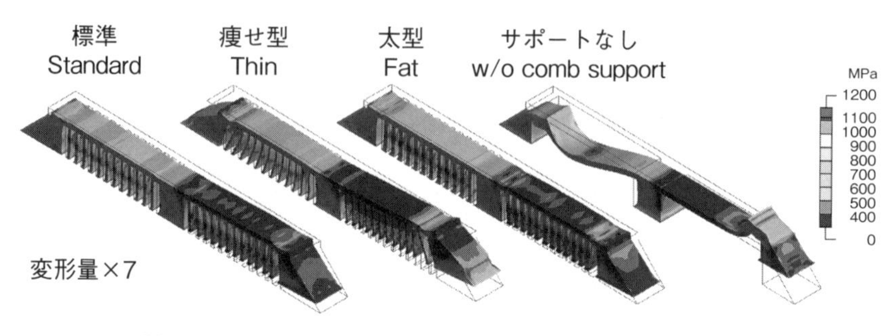

図4.18　両片持ち梁のサポート形状による熱変形の変化[23)]

この解析方法で積層造形後の変形の概略が把握可能として、両片持ち梁試験片のサポート厚さを変化させた際の熱変形を解析した結果を**図4.18**に示す。奥側はサポートが基盤についた状態である。サポート厚さが薄い痩せ型の場合には梁部分が大きく変形し、その代わりに残留応力は小さい。

一方、サポート厚さが厚い太型では梁部分の変形は小さいが残留応力は大きい。手前側にサポート構造を基盤から剥離した場合を示す。残留応力はどのサポート厚さでも解放されているが、梁の跳ね上がりの変位が痩せ型では大きく、太型では小さい。サポート構造を付加しない場合、これは実際には造形は不可能であるが、変形は非常に大きくなる。

このように、比較的堅牢なサポート構造を付加すると変形が小さくなると予想される。しかしながら、堅牢なサポート構造は除去に手間がかかるようになる。そのため、許容できる変形量で除去もしやすいサポート構造を考案しなくてはならない。

☆ポイント☆

- 構造物や部材のひずみを取除いた無応力状態になる発生源を固有ひずみと呼ぶ
- 有限要素法を用いて逆問題を解くのが固有ひずみ法

【演習問題】

(1) 金属積層造形プロセスでの現象の解析の手法にはその場観察と数値シミュレーションがある。数値シミュレーションは大別して3つに分類されるが、それぞれを列挙し違いを説明しなさい。

(2) SLMでは溶融凝固現象により形成されるメルトプールの形状が不安定になる原因を挙げなさい。

(3) 金属積層造形プロセスにおいて熱変形解析する手法を2種類挙げ、それぞれについて説明しなさい。

参考文献

1）Grong, O., *Metallurgical Modeling of Welding*. 2nd ed. Matrials Modeling Series. 1994: The Institute of Materials.

2）技術研究組合次世代 3D 積層造形技術総合開発機構編，「設計者・技術者のための金属積層造形技術入門」，(2016)

3）三田常夫，*Q.* マランゴニ対流というのはどのような現象のことなのでしょうか。また，溶接結果にどのような影響をおよぼすのでしょうか。JWES 接合・溶接技術 Q & A1000 2012 [cited 2017 2017/09/17].

4）門間改三，須藤一，「溶融銅の表面張力に及ぼす硫黄の影響」，日本金属学会誌，(1960). vol. 24 (6)：p. 374–377.

5）小澤俊平，諸星圭祐，日比谷孟俊，福山博之，「電磁浮遊炉による雰囲気酸素分圧依存性を考慮した金属性高温融体の表面張力」，まてりあ，(2011). vol. 50 (2)：p. 63–69.

6）小澤俊平，「電磁浮遊炉を用いた表面張力測定の最近の進展（特集　無容器浮遊による高温融体熱物性測定――その特徴と発展)」，金属，(2011). 81 (6)：p. 473–480.

7）Xia, M., et al., *Selective laser melting 3D printing of Ni*–based superalloy: understanding thermodynamic mechanisms. Science Bulletin, (2016). 61 (13): p. 1013–1022.

8）Khairallah, S. A., et al., *Laser powder–bed fusion additive manufacturing: Physics of complex melt flow and formation mechanisms of pores, spatter, and denudation zones*. Acta Materialia, (2016). vol. 108: p. 36–45.

9）Matthews, M. J., et al., *Denudation of metal powder layers in laser powder bed fusion processes*. Acta Materialia, (2016). vol. 114: p. 33–42.

10）Kurz W., Fisher D. J. Fundamentals of solidification Fourth Revised Edition. Aedermannsdorf, Switzerland: Trans Tech Publications; 1998. 88 p.

11）Debroy T., David S. A. Physical processes in fusion welding. Reviews of Modern Physics. (1995), 67 (1): 85–112.

12）Sun S. H., Koizumi Y., Kurosu S., Li Y. P., Matsumoto H., Chiba A. Build direction dependence of microstructure and high–temperature tensile property of Co–Cr–Mo alloy fabricated by electron beam melting. Acta Materialia. (2014), 64: 154–68.

13) Al-Bermani S. S., Blackmore M. L., Zhang W., Todd I. The Origin of Microstructural Diversity, Texture, and Mechanical Properties in Electron Beam Melted Ti-6Al-4V. Metall and Mat Trans A. 2010; 41 (13) : 3422-34.
14) Dehoff R. R., Kirka M. M., Sames W. J., Bilheux H., Tremsin A. S., Lowe L. E., Babu S. S. Site specific control of crystallographic grain orientation through electron beam additive manufacturing. Mater Sci Technol. 2015; 31 (8) : 931-8.
15) Nastac L, Valencia J. J., Tims M. L., Dax F. R. Advances in the Solidification of IN718 and RS5 Alloys. Superalloys 718, 635, 706 and Various Derivatives: TMS; (2001). p. 103-12.
16) 柴原正和,「有限要素法とその応用：大規模・高速に進化し続けるFEM熱弾塑性解析」, 溶接学会誌＝Journal of the Japan Welding Society, (2011). 80 (6): p. 519-522.
17) 原田貴明, 生島一樹, 河原充, 南野寿造, 桑原仁志, 加藤大雄, 金武完明,「理想化陽解法FEMに基づく溶接変形解析の実機適用」, 溶接学会全国大会講演概要, (2016). p. 216-217.
18) 松宮大., et al.,「3D金属積層造形の熱変形解析」, 溶接学会全国大会講演概要, (2017). 2017s：p. 132-133.
19) Ueda, Y., K. Fukuda, and M. Tanigawa, *New Measuring Method of 3-Dimensional Residual Stresses Based on Theory of Inherent Strain.* Journal of the Society of Naval Architects of Japan, 1979. (145) : p. 203-211.
20) 中長啓., et al.,「固有ひずみ法による溶接残留応力の測定：軸対称測定理論の開発と円管継手への適用」, 溶接学会論文集：quarterly journal of the Japan Welding Society, (2010). 27 (1) : p. 104-113.
21) Keller, N. and V. Ploshikhin. *New method for fast predictions of residual stress and distortion of AM parts.* in *Solid Freeform Fabrication Symposium, Austin, Texas.* 2014.
22) 赤松亮, 池庄司敏孝, 荒木正浩, 米原牧子, 中村和也, 京極秀樹,「レーザ照射型金属積層造形における熱変形と残留応力の解析」, 機械材料・材料加工技術講演会講演論文集, (2016)：p. 431.
23) 池庄司敏孝, 赤松亮, 米原牧子, 荒木正浩, 中村和也, 京極秀樹,「レーザ照射型金属積層造形におけるサポート構造の熱変形と残留応力への影響」, 機械

材料・材料加工技術講演会講演論文集，(2016)．2016.24：p. 432.

コラム4

パウダーの動的シミュレーション

金属粉末のパウダーベッド方式における動的シミュレーションに関するワークショップが、2017年8月にアメリカ・オースティンで開催された。アメリカ・エネルギー庁が主催して、ローレンス・リバモア国立研究所のKing博士が中心となり、オークリッジ国立研究所、エネルギー省が開催した。これは、製品の品質を安定させるためにはパウダーベッドの状況が重要であるとの認識で、パウダーベッド方式の装置における粉末流動のモデリングを行おうとするものであった。すでに、DEM（Discrete Element Method）法によるシミュレーションが開発されているが、さらに精緻化をすることにより、粉末特性や環境を考慮した検討が可能となる。

このように、海外、特にアメリカでは、溶融凝固シミュレーション、凝固

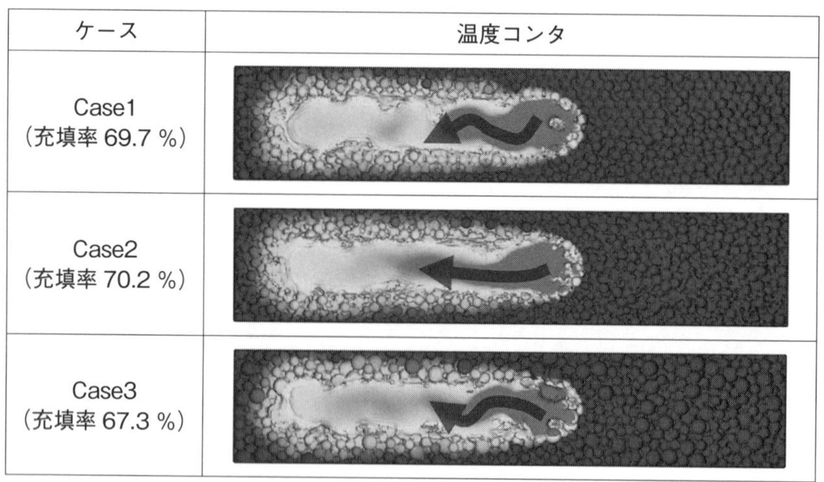

ケース	温度コンタ
Case1 （充填率 69.7 %）	
Case2 （充填率 70.2 %）	
Case3 （充填率 67.3 %）	

（フローサイエンスジャパン提供）

図 4.19　DEM シミュレーション（Flow DEM と Flow Weld）による粉末の流動解析

組織シミュレーション、熱変形シミュレーションに加えて粉末の動的挙動も予測可能なシミュレーション技術を開発しようとしている。これは、本技術が複雑な物理現象を伴う複合技術であるため、シミュレーション技術の適用が重要であることを示唆している。

第5章

造形条件の探索と材料評価

金属積層造形において、高品質の造形体を製造するためには、多くの因子が関与する。特に、金属の場合には、第4章で述べたように、溶融凝固現象を伴うためにプロセスを制御するパラメータも多くなる。本章では、金属積層造形における造形パラメータの理解と最適な造形条件を得るための手法、さらには造形体の特性とその評価法について習得する。

5.1　プロセスパラメータ

(1) 概要

第3章でも述べたように、金属積層造形はCADデータの作成から、基本的に粉末をリコートし、溶融凝固させるプロセスであるために、最終製品の品質には多くの因子が関わってくる。

図5.1に示すように、CADデータ、粉末特性、装置仕様、プロセスと非常に多くのパラメータが最終製品の品質に影響を及ぼす。ここでは、主なパラメータについて概説する。

① CADデータ

CADデータについては第3章で述べたように、STLデータに欠陥がないか、

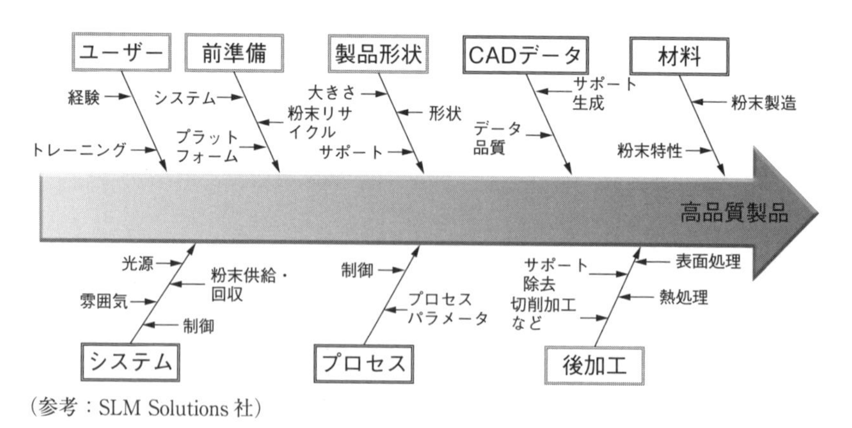

(参考：SLM Solutions社)

図5.1　造形に及ぼす主なプロセスパラメータ

三角パッチの大きさはどうかなどのCADデータの品質が重要である。ほとんどの場合、ソフトウェアを用いてデータの修正を行うことなどが必要である。

また、金属積層造形においては、6.2節でも述べるが、サポート生成についても重要である。サポートは、その意味の通り、溶融凝固する部分の変形を食い止める役目と熱を逃がす両方の役目を担っているため、最適なサポート生成ができるかどうかによって、最終的な製品の品質が大きく左右される。

②材料

材料、すなわち粉末特性は製品の品質に大きな影響を及ぼす。すでに、粉末の影響については第2章で詳述した。

③システム

システム、すなわち装置については、光源、雰囲気、粉末供給・回収、パウダーベッド方式ではリコータ制御、デポジション方式ではノズル制御など多くのパラメータが関わってくる。装置を常に安定して作動させるように日常から管理しておくことが重要である。

光源については、レーザや電子ビームが指示通りに安定して照射されているかどうかが重要である。雰囲気については、レーザ方式の場合には窒素やアルゴンガス雰囲気で造形が行われるために、特に酸素量は重要なパラメータである。

パウダーベッド方式では、粉末が安定的に供給され、一定の平坦度で安定的にリコートされるかどうかが重要である。デポジション方式では、粉末が安定的に、かつ絞れた状態で噴射されているかどうかが重要である。

このように、装置仕様と制御の安定性は製品の品質に最も大きな影響を及ぼすため、常に管理しておくことが重要である。

④プロセス

5.1節(2)では、特に製品の品質に影響を及ぼすプロセスパラメータのうち、最も影響が大きい造形パラメータについて述べる。

☆ポイント☆

- 金属積層造形には光源、雰囲気、粉末供給・回収や、制御などの多くのパラメータが関わる
- レーザ方式では、酸素量も重要なパラメータ
- パウダーベッド方式では、粉末やリコートの安定性が重要
- デポジション方式では、粉末の噴射の安定性が重要

(2) 造形パラメータ

レーザパウダーベッド方式を対象として、重要な造形パラメータについて述べる。重要な造形パラメータは、次の4つである。

①レーザ出力（laser power）

②走査速度あるいはスキャンスピード（scan speed）

③走査ピッチあるいはハッチピッチ（scan pitch あるいは hatch pitch）（図5.2）

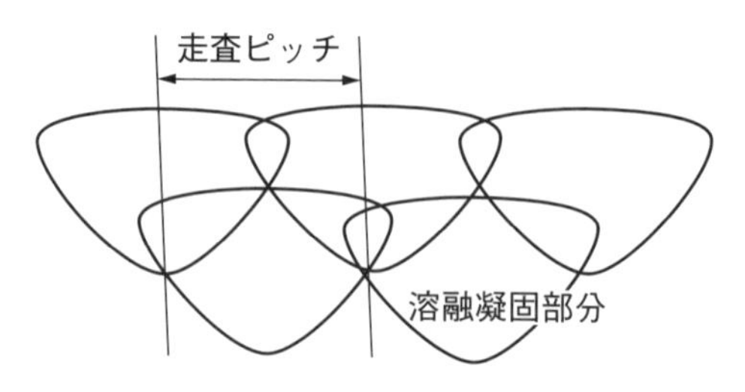

図5.2　走査ピッチ

④積層ピッチあるいは積層厚さ（layer thickness）

中でも、レーザ出力と走査速度は造形品質への影響が最も大きく、5.2 節で述べるプロセスマップの主要パラメータとして利用される。まず、この 2 つのパラメータをしっかりと把握することが、造形のキーとなる。

なお、走査ピッチは、図 5.2 に示すようにレーザ走査の間隔を示し、積層ピッチは装置における粉末の積層厚さを示す。これらのパラメータも造形体の品質、特に密度に影響を及ぼす。

☆ポイント☆

- 造形体の品質に及ぼす主要パラメータはレーザ出力と走査速度
- 走査ピッチと積層ピッチのパラメータは造形体の品質と密度に影響

5.2 プロセスマップの作成

高品質の造形体を作製するためには、最適な造形条件を見出すことが重要である。このためには、レーザパウダーベッド方式では、一般的に次の手順で検討していくとよい。

【手順】

①レーザ出力と走査速度をパラメータとして、ライン造形を行ってプロセスマップを作成して、トラックの造形形態から造形可能な範囲を見出す。

②次に、ライン造形から得られた造形可能なレーザ出力と走査速度をパラメータとして、キューブ（立方体）造形を行ってプロセスマップを作成。キューブ造形体の表面形態、密度、組織などから最適なレーザ出力と走査速度を見出す。この際には、エネルギー密度も重要なパラメータとして検討しておく。

③最適なレーザ出力と走査速度において、走査ピッチを変化させて、最適な走査ピッチを見出す。必要に応じて積層ピッチも検討しておく。

(1) 最適なレーザ出力および走査速度の検討

最適なレーザ出力と走査速度を求めるためには、まず**図 5.3** に示すようなライン造形による検討を行う。造形可能な造形条件の範囲を見出した後、**図 5.4** に示すキューブ造形を行って、最適なレーザ出力と走査速度を決定する。その際の評価指標は、密度、表面粗さ、組織などである。

ライン造形においては、トラックの形状および表面状況により判断する。

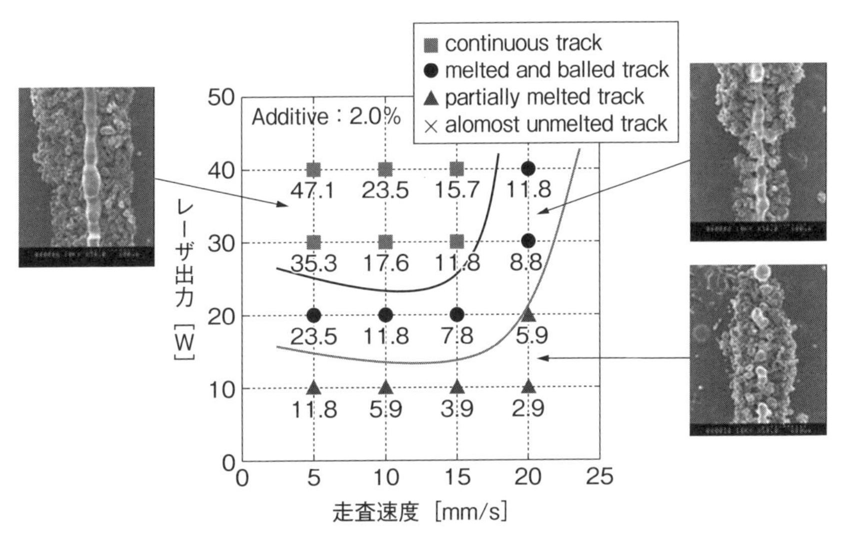

（出典：H. Kyogoku, M. Hagiwara, T. Shinno, "Freeform Fabrication of Aluminum Alloy Prototypes Using Laser Melting", Solid Freeform Fabrication Proceedings 2010, Austin, TX (2010).）

図 5.3　ライン造形によるプロセスマップの例

また、次式で示すエネルギー密度（パワー密度）を指標とすることも重要である。

エネルギー密度 E（単位面積当たりの入力エネルギー、J/mm²）

$$E=\frac{P}{Dv} \tag{1}$$

P：レーザ出力（W）、v：走査速度（mm/s）、

D：スポット径（mm）

ライン造形により造形可能なレーザ出力および走査速度を見出した後、図5.4に示すようなキューブ造形を行って、表面形態、密度、組織などを指標

図 5.4　キューブ造形の例

として評価する。

表面形態を評価指標とした例を**図 5.5** に示す。この図に示すように、表面形態のよい領域を造形可能な領域とする。併せて、密度や組織を指標として検討して、最適なレーザ出力と走査速度を決定する。

また、式(2)で示す、単位体積当たりの入力エネルギーで表すエネルギー密度を指標として、**図 5.6** に示すように、密度との関係を示す図を作成すると、密度が最大となるレーザ出力と走査速度を知ることができる。

また、造形可能な最大のレーザ出力と最速の走査速度を知ることもできる。

図 5.6 は、アルミニウム合金の例であるが、レーザ出力で、走査速度 1800 mm/s の高速での造形が可能であることがわかる。

造形速度 1830 mm/s の場合には高密度の造形体が得られているが、3205 mm/s の場合には大きな空隙（ポア）がみられる。これは、エネルギー密度が不足して、十分な溶融が行われなかったためである。

これに対して、510 mm/s の低速の場合には、スパッタによる溶融不良やガスの巻き込みがみられる。

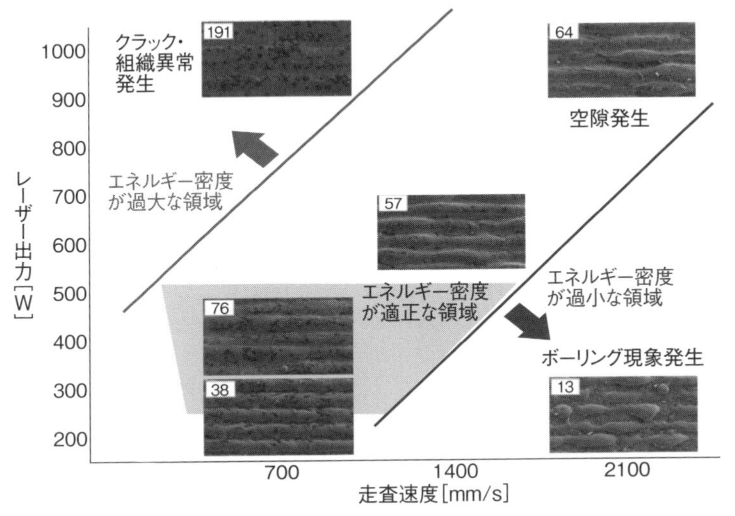

※図中の数値はエネルギー密度[J/mm³]

（出典：技術研究組合次世代 3D 積層造形技術総合開発機構編、「設計者・技術者のための金属積層造形技術入門」、2016 年）

図 5.5　キューブ造形によるプロセスマップの例

エネルギー密度 E（単位体積当たりの入力エネルギー、J/mm^3）

$$E = \frac{P}{vdh} \tag{2}$$

P：レーザ出力（W）、v：走査速度（mm/s）、
d：走査ピッチ（mm）、h：積層ピッチ（mm）

☆**ポイント**☆

・最適なレーザ出力と走査速度はライン造形、キューブ造形によって求める
・エネルギー密度を指標として、密度が最大となるレーザ出力と走査速度を見出す

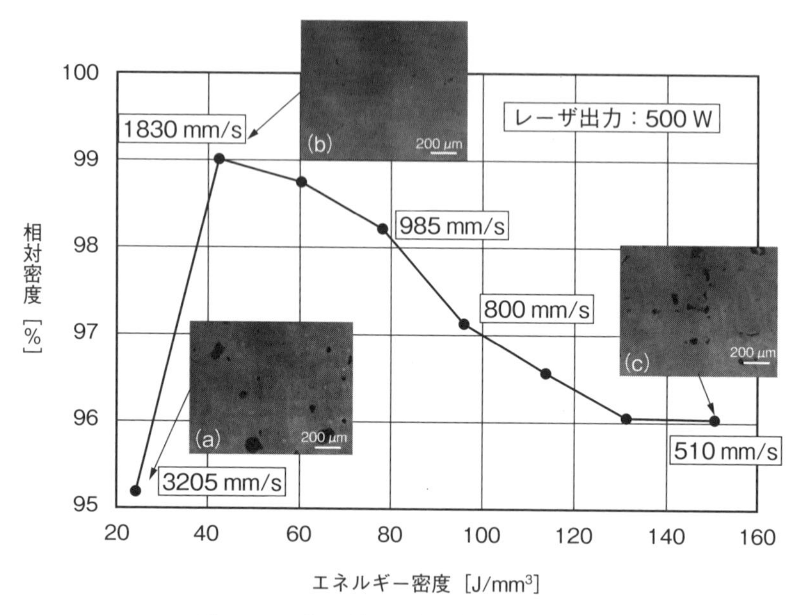

図 5.6　エネルギー密度と相対密度の関係

(2) 最適な走査ピッチの検討

最適な走査ピッチは、レーザのスポット径、熱伝導率などの材料特性や粉末の粒径などによって決まる。このため、材質および粉末特性ごとに検討しておく必要がある。

走査ピッチが適切である場合には、ポアがほとんど発生しないが、走査ピッチが広い場合には、トラックの間が空きすぎるため欠陥が発生する。

また、重なり過ぎた場合にも欠陥が発生しやすい。このように、走査ピッチも高密度の造形体を得るためには重要なパラメータである。

☆ポイント☆
- ・最適な走査ピッチは材質および粉末特性ごとに検討する
- ・高密度の造形体を得るため、走査ピッチは重要なパラメータ

(3) 積層ピッチの検討

積層ピッチも重要な造形パラメータの1つである。積層ピッチが大きすぎると、層間に欠陥が生じる。

通常、30 μm〜50 μm 程度で造形されているが、**図 5.7** に示すように Qiu

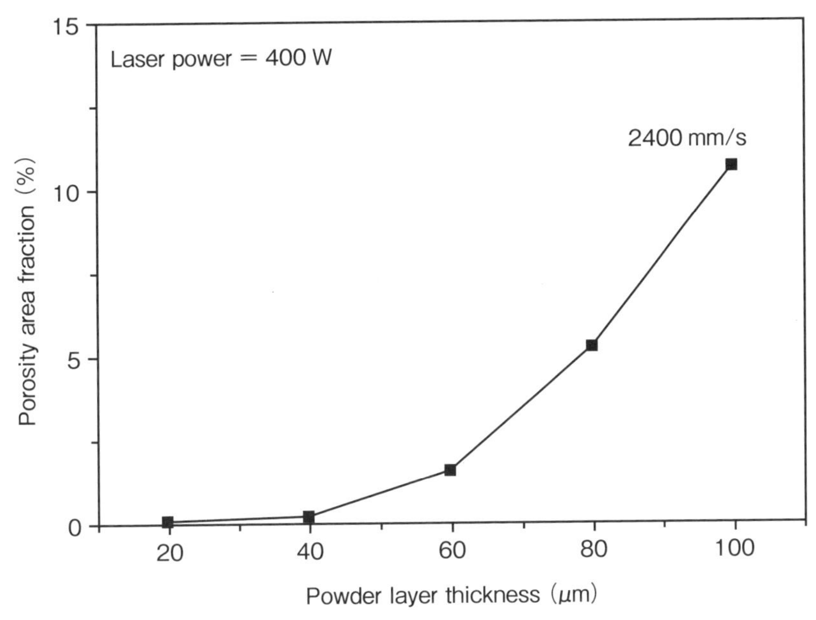

(参考：C. Qiu, C. Panwisawas, M. Ward, H. C. Basoalto, J. W. Brooks, M. M. Attallah, On the role of melt flow into the surface structure and porosity development during selective laser melting, Acta Materialia 96 (2015) 72–79)

図 5.7　積層厚さと密度の関係

氏らの報告[5]によると、40 μm 以上では密度が低下する傾向を示す。

最適な積層厚さは、粉末特性、装置の積層機構やレーザ出力などにより異なるが、積層ピッチも高密度の造形体を作製するためには重要なパラメータである。

☆ポイント☆

・積層ピッチが大きすぎると、層間に欠陥が生じる

・積層ピッチ 40 μm 以上では密度が低下していく

5.3　主な欠陥と発生原因[1)]

金属積層造形においては、様々な造形欠陥に遭遇する。5.1 節で述べた種々のパラメータが適切でない場合に発生する主な欠陥とその発生原因について述べておく。

主な欠陥は、次の5つで、その発生原因も示しておく。**図 5.8** に欠陥の例を示す。

①未溶融・融合不良

エネルギー密度が低い場合、逆に高すぎてスパッタが発生し、リコート時にパウダーベッドに不良部が発生して生じる場合など。

②ポアあるいはポロシティ

不適切な造形条件や粉末中のガスによる。

③き裂

凝固収縮の大きな合金材料における凝固収縮などによる。

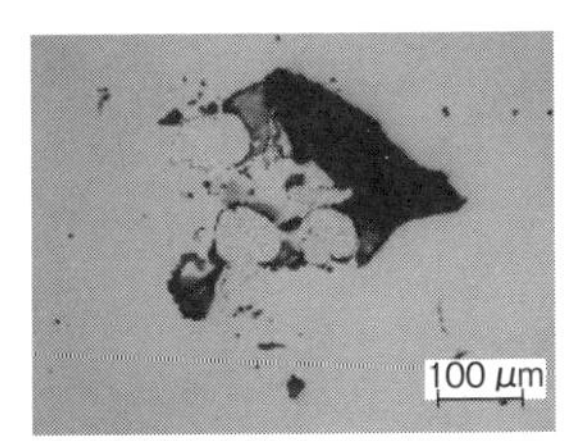

(a)　未溶融・融合不良

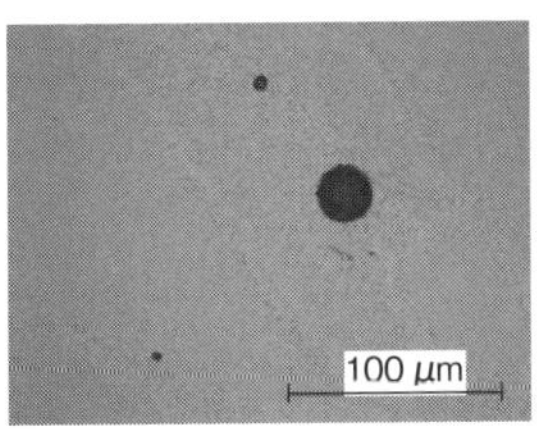

(b)　ポア

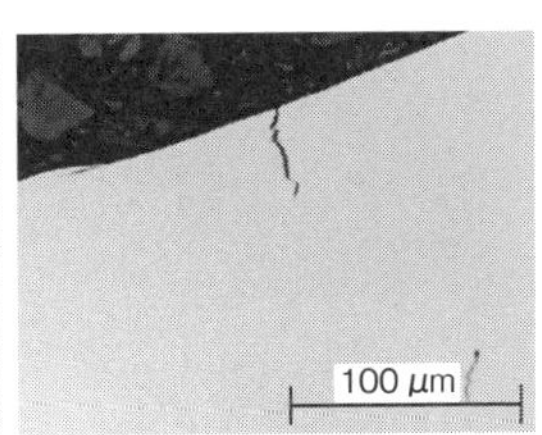

(c)　き裂

図 5.8　レーザ積層造形で発生する欠陥の例[1)]

④残留応力

主として凝固収縮による。

⑤表面粗さ不良

主として不適切な造形条件による。

このような欠陥が発生すると、製品の所望の強度や精度などを得ることができなくなるため、5.2 節で述べた最適な造形条件を明らかにしておくことが重要である。

5.4　機械的性質

金属積層造形を鋳造や鍛造などの従来の加工法で成形された部品と同様に利用していくためには、まず機械的性質がどの程度であるのか、あるいは組織はどうなのかを知っておくことが重要である。

本技術は、第4章で述べたように、急速な溶融凝固現象を伴うために、結晶粒の微細化や場合によっては組織の異方性が発生する。このため、異方性を考慮した試験片の作製がISO規格やASTM規格により提案されている。

以下に、試験方法と各種材料の機械的性質について示す。

(1) 引張特性

引張試験片については、**図5.9**に示すように、他の加工法とは異なりレーザや電子ビームの照射パターンなどにより組織に異方性などが出やすいため、

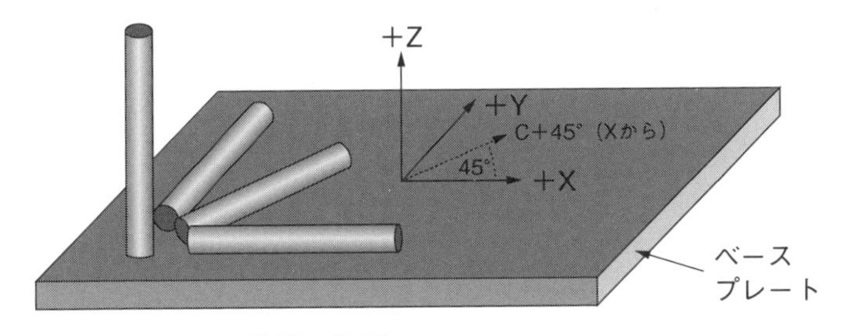

(ASTM F2971-13 “Standard Practice for Reporting Data for Test Specimens Prepared by Additive Manufacturing” をもとに著者作成)

図5.9　引張試験片

ベースプレートに対して0°、45°および90°の方向に造形することが定められている。造形例を**図5.10**に示す。

造形体については、一度に造形される場合も多い。一般的には、JIS 14A号引張試験片に加工された後、引張試験機により試験される。

表5.1に、レーザパウダーベッド方式の装置による代表的な材料の造形体の状態の機械的性質と表面粗さについて示す。最適条件での造形体は、鋳造材より強度は高く、鍛造材より強度は劣るといわれている。

また、**表5.2**に代表的な材料の造形体の状態の機械的性質と熱処理体の機械的性質を示す。SLM Solutions社のデータとほぼ同程度の値となっている。熱処理については、通常の条件での値が示してある。

表5.3に、デポジション方式の装置による造形体の状態の機械的性質の例を示す。最近の装置では、ほぼ真密度が得られるために機械的性質はパウダーベッド方式の場合と同様に、溶製材の強度を示す。

☆ポイント☆

- 引張試験片は異方性を考慮して、ベースプレートに対して0°、45°および90°の方向に造形することが決まっている
- 最適条件での造形体は、鋳造材より強度は高く、鍛造材より強度は劣る

(2) 疲労特性

本技術による造形ではミクロポロシティ*の発生が避けられないため、航空宇宙分野などにおける重要部品に適用する際には、疲労強度の検討は必須である。

疲労試験については、引張–圧縮や回転曲げなどその使用目的に対応する

* ミクロポロシティ：微細なガス欠陥などをいう。

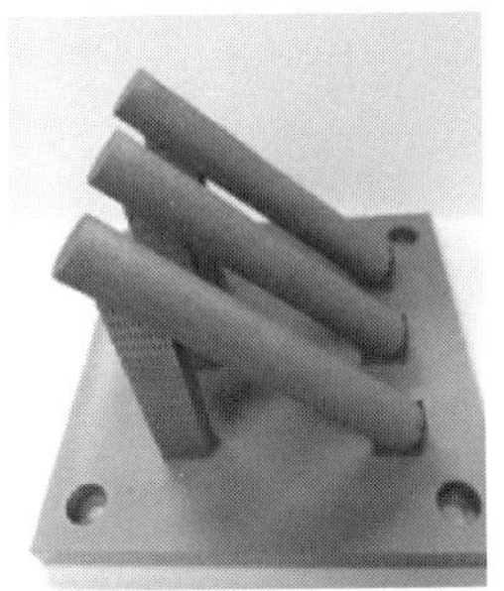

図 5.10　造形した引張試験片の例

表 5.1　代表的な造形体の機体的性質および表面粗さ（レーザパウダーベッド方式）

	AlSi10Mg	CoCrMo	Ti6Al4V	IN718	SUS316L	17-4PH
引張強さ (MPa)	397±11	1101±78	1286±57	994±40	633±28	832±87
0.2 %耐力 (MPa)	227±11	720±18	1116±61	702±65	519±25	572±25
伸び（%）	6±1	10±4	8±2	24±1	30±5	31±2
絞り（%）	8±1	11±4	30±10	40±7	49±11	55±4
ヤング率 (GPa)	64±10	194±9	111±4	166±12	184±20	155±22
硬さ（HV）	114±1	375±2	384±5	293±3	209±2	221±44
表面粗さ (Ra)	7±1	10±1	12±1	7±2	10±2	9±2
表面粗さ (Rz)	46±8	64±6	70±3	36±8	50±12	54±15

（参考：SLM Solutions 社のデータシート）

表 5.2　代表的な材料の機械的性質（パウダーベッド方式）

合金	積層方向	造形体				熱処理体			
		降伏強さ (MPa)	引張強さ (MPa)	伸び (%)	硬さ (HV)	降伏強さ (MPa)	引張強さ (MPa)	伸び (%)	硬さ (HV)
Ti64	horizontal	1140 ±50	1290 ±50	(7±3)	320 ±20 HV5	1000 ±50	1100 ±40	(13.5 ±2)	—
	vertical	1120 ±80	1240 ±50	(10±3)		1000 ±60	1100 ±40	(14.5 ±2)	
AlSi10Mg	horizontal	270 ±10	460 ±20	(9±2)	119 ±5 HBW	230 ±15	345 ±10	12±2	—
	vertical	240 ±10	460 ±20	(6±2)		230 ±15	350 ±10	11±2	
IN718	horizontal	780 ±50	1060 ±50	(27±5)	30 HRC				
	vertical	634 ±50	980 ±50	(32±5)		1150 ±100	1400 ±100	(15±3)	47 HRC

（参考：EOS 社のデータシート）

表 5.3　代表的な材料の機械的性質（デポジション方式）

合　金	降伏強さ (MPa)	引張強さ (MPa)	伸び (%)	AM プロセス
SUS316L	330–345	540–560	35–43	
H13	1462	1703	1–3	LENS 法
Ti6Al4V	827–965 *	896–1000 *	1–16 *	LENS 法
IN718	1117 **	1400 **	16 **	LENS 法

*焼きなまし、**溶体化処理

（参考：N. Shamsaeia, A. Yadollahia, L. Bianc, S. M. Thompson, An overview of Direct Laser Deposition for additive manufacturing; Part II: Mechanical behavior, process parameter optimization and control, Additive Manufacturing 8 (2015) 12–35）

試験が行われる。疲労試験片についても、それぞれの試験に対応する試験片が利用されるが、上述の引張試験と同様に、異方性を考慮する必要がある。

Campbell 氏らの報告[7]によればパウダーベッド方式の場合には、インコネル 718 合金の Z 方向に造形し切削された試験片では、溶製材に匹敵する 600 MPa 程度の疲労強度が得られている。

デポジション方式の場合にも、Shamsaeia 氏らの報告[8]によれば造形条件によって疲労強度が異なっているが、最大疲労強度を示す Ti6Al4V 合金の造形体では、溶製材に匹敵する 600 MPa 程度の値が得られている。

☆ポイント☆

- 疲労試験は造形品の使用目的によって対応する試験が異なる
- 造形方向に依存するが、切削加工した試験片では溶製材に匹敵する強度が得られる

(3) 破壊靭性

破壊靭性試験についても、疲労試験と同様に航空宇宙分野や産業機器分野における構造体を評価するためには重要な試験である。

このため、これらの分野に適用するための破壊靭性試験が行われている。

破壊力学においては、脆性破壊現象を取扱うパラメータとして応力拡大係数 (stress intensity factor) K とエネルギー解放率 (energy release rate) G、疲労破壊現象を取扱うパラメータとしてき裂進展速度 (crack propagation rate) da/dN、弾塑性破壊を取扱うパラメータとして J があるが、破壊靭性試験については、

①平面ひずみ破壊靭性試験（ASTM K_{IC} 試験）

②弾塑性破壊靭性 J_{IC} 試験（ASTM E813-81）

が適用されている。試験片ならびに試験の詳細については、成書[5]を参照頂

きたい。

Shamsaeia 氏らの報告[8)]によれば、デポジション方式における造形体の平面ひずみ破壊靭性試験結果から、特に造形のままの試験片では、破壊靭性値 K_{IC} は造形方向に対して大きな影響を受けるが、HIP を行うことにより方向性が小さくなる。しかし、K_{IC} の値は、鋳造材や溶製材より低い。これは、造形体に含まれるミクロポロシティの影響を受けているものと考えられる。

☆ポイント☆

- 航空宇宙分野や産業機器分野では破壊靭性試験は重要
- 破壊靭性値は鋳造材や溶製材より低い

(4) 組織と機械的性質

5.4 節で述べたように、溶融凝固現象の違いにより組織が異なる。これは、第 4 章で述べた鋳造における凝固現象と同様に、温度勾配と凝固速度により等軸晶になるのか、柱状晶になるのかが決まってくる[(5)]。

レーザパウダーベッド方式では、**図 5.11** (a) に示すように冷却速度が速いために等軸晶になりやすいが、図 5.11 (b) に示すように高出力での造形では柱状晶になりやすいことが報告されている。このような組織の違いにより、当然引張試験における変形挙動も異なり、等軸晶の組織では微細組織となり、Hall–Petch*の関係より降伏強さは向上するが、伸びは低下する。

これに対して、柱状晶の組織では、造形方向に結晶粒が伸びており、延性が向上する。

---

* Hall–Petch の関係：結晶粒径と強度の関係を表す実験的に得られた式で、降伏強さ σ_y、結晶粒径 d とすると、$\sigma_y = d_0 + kd^{-1/2}$ で表せる。なお、d_0 および k は定数である。これからわかるように、結晶粒径が小さいほど、強度が高くなる。

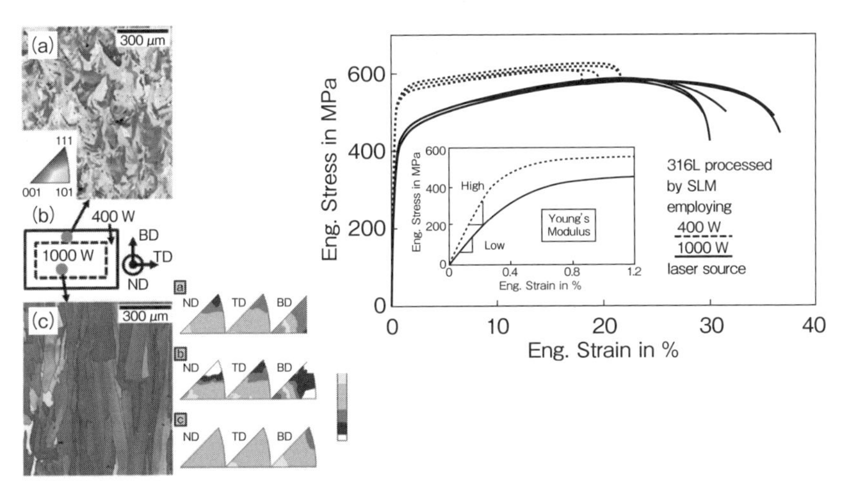

（SLM Solutions 社提供）

図 5.11　パウダーベッド方式の装置による組織と機械的性質の関係

電子ビームパウダーベッド方式の場合には、パウダーベッドを高温に加熱して造形するために柱状晶になりやすく、造形方向による機械的性質の違いに注意する必要がある。

☆ポイント☆

・レーザパウダーベッド方式では冷却速度が速いために等軸晶になりやすい

・組織の違いで、当然引張試験における変形挙動も異なる

・電子ビームパウダーベッド方式では柱状晶になりやすい

5.5 組織解析

(1) 光学顕微鏡

光学顕微鏡（Optical Microscope；OM）は、マクロ組織観察に用いられ、通常倍率は50倍から1000倍である。試料を研磨後、腐食を行って結晶粒の大きさや析出物の状況などの観察を行う。

図5.12に示すように、積層造形においては、溶融したトラックの形状なども確認できる。

(2) 電子顕微鏡

電子顕微鏡は、電子線を利用して、ミクロ組織の観察を行う顕微鏡である。大きくわけて走査型電子顕微鏡（Scanning Electron Microscope；SEM）と透過型電子顕微鏡（Transmission Electron Microscope；TEM）の2種類

図5.12　造形体の光学顕微鏡による組織観察の例

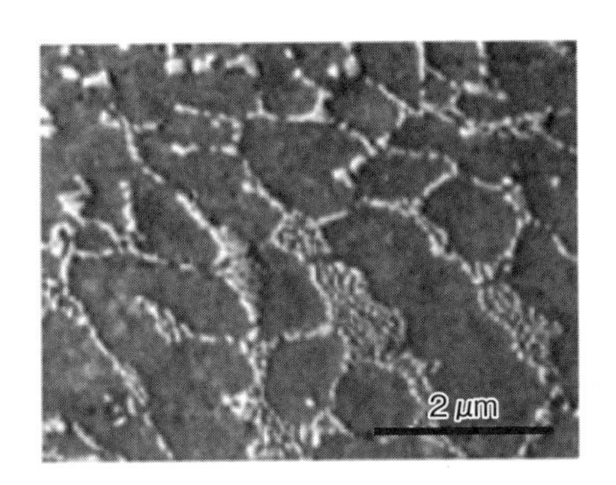

図 5.13　造形体の SEM による組織観察の例

がある。

前者は主として試料表面のミクロ組織観察、後者は主として原子レベルまでの内部組織観察を行うのに用いられる。

SEM では、**図 5.13** に示すように、OM では撮影できないミクロの結晶粒や析出物を観測できる。さらに、エネルギー分散型 X 線分析（Energy dispersive X-ray spectrometry；EDS）や電子線後方散乱回折法（Electron backscatter diffraction；EBSD）を付属させることにより、それぞれ元素分析や結晶粒の方位を観察できる。金属積層造形体では、急冷凝固により結晶粒が非常に細かくなり、また異方性も出てくることから非常に有効な観察手段である。

一方、TEM では、SEM よりさらにミクロな析出物の状況や転位の状況、さらには原子配列など内部組織を観察できる。

☆ポイント☆

- 走査型電子顕微鏡ではミクロの結晶粒や析出物を観測できる
- 透過型電子顕微鏡は原子配列など内部組織まで観察できる

(3) X線CT(X-ray Computed Tomography)

X線CT装置(**図5.14**)は、加工の分野においては鋳造材、溶接部や焼結材の欠陥検出に利用されている。金属積層造形においても、**図5.15**に示すように微細な欠陥が発生するため、数μm程度までの欠陥検出には有効な手段として利用されている。このため、品質管理には必須の検査装置になってきている。しかし、欠陥のサイズや試料の厚さなどにより欠陥検出が難しい場合もある。

図5.15には、造形体の状態とHIP処理後の内部欠陥の状況を示す。HIP処理後には内部欠陥は観察されず、HIP処理の有効性が示されている例である。

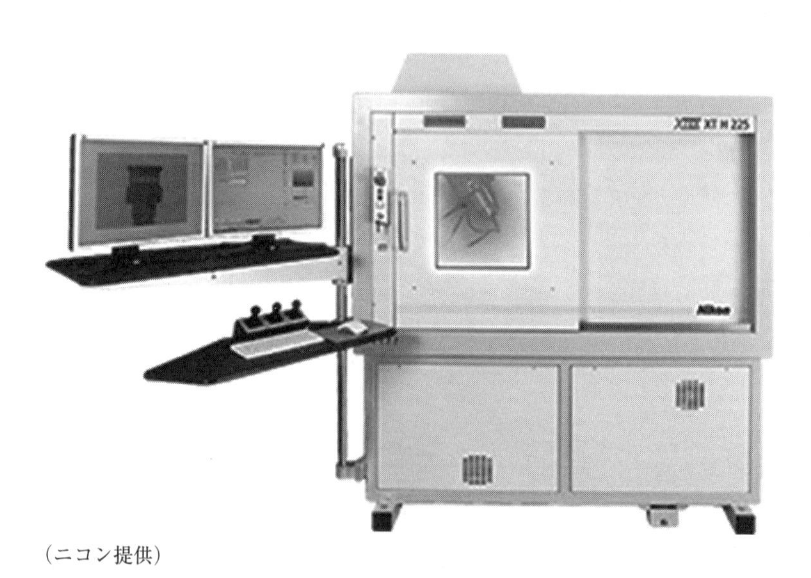

(ニコン提供)

図5.14　X線CT装置

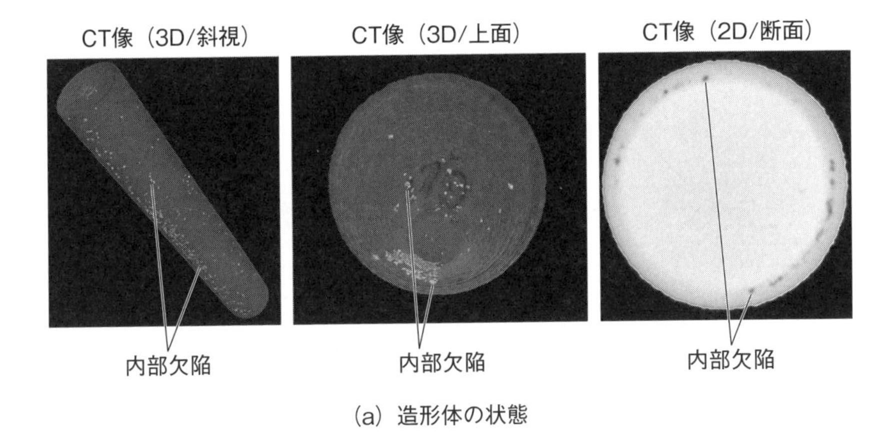

(a) 造形体の状態

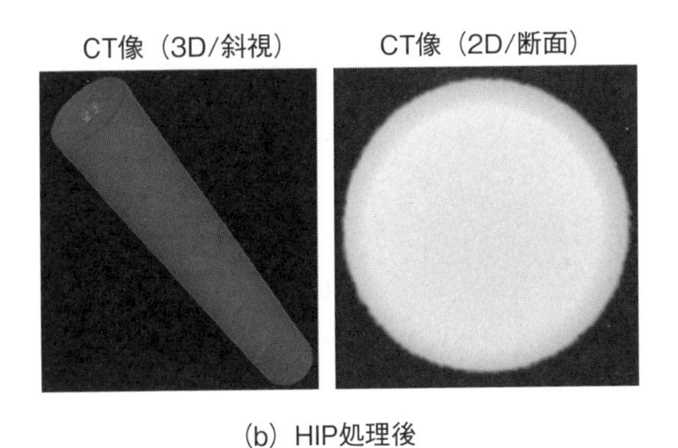

(b) HIP処理後

（造形サンプル：金属技研提供、CT 画像：ニコン提供）

図 5.15　造形体の X 線 CT による欠陥検出例[10)]

☆ポイント☆

- X 線 CT 装置は数μm 程度までの欠陥検出に有効
- 欠陥のサイズや試料の厚さなどによっては欠陥検出が難しい

5.6 形状測定

(1) 表面粗さ計

表面粗さ（surface roughness）は、物体表面の微細な凹凸で、傷などを含んだ総称として「表面性状」（surface texture）と呼ばれ、製品の力学的特性や物理特性などと密接に関係する。

表面粗さを測定する装置には、触診により直接表面の凹凸を測定する接触式とレーザ光を利用する非接触式がある。

金属積層造形では、造形条件によっては荒れることが多く、表面粗さの測定は重要な項目となっている。

(2) 三次元測定機

三次元測定機とは、「プローブ」と呼ばれるセンサによる接触式、あるいはレーザ光による非接触式検出機構を用いて、測定物の三次元座標を取得する装置で、「座標測定機」（Coordinate Measuring Machine；CMM）とも呼ばれている。

造形体の測定には、接触式の測定機による測定が行われることが多いが、非接触式の装置（三次元スキャナー）では、大型の製品の測定も可能であり、製品形状の測定も簡便であることから、積層造形の分野ではよく利用されている。

三次元スキャナーは、反射鏡の回転によってレーザを放射状に照射し、測定器本体も回転して全方向をスキャニングすることが可能である。装置と測定例を図 5.16 に示す。

(a) 三次元スキャナー

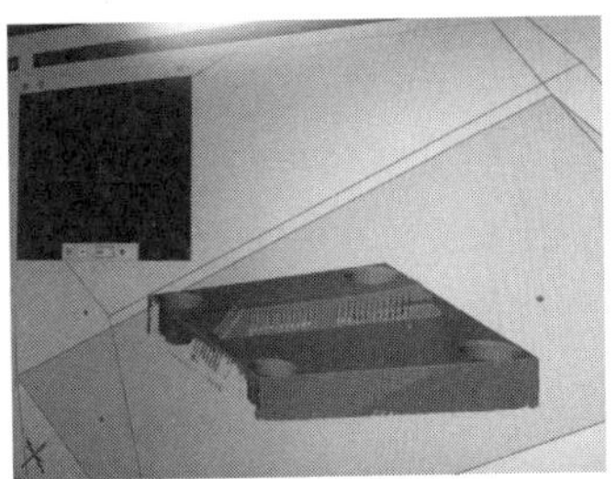

(b) 測定例

図 5.16　三次元スキャナーと測定例

☆ポイント☆

・三次元測定機には接触式と非接触式がある

・接触式の測定器を用いることが多い

・非接触式は大型製品の測定が可能、製品形状の測定が簡便

【演習問題】

(1) 金属積層造形では、最適な造形条件を見出すことが重要である。最適造形条件を見出すプロセスを整理してみなさい。

(2) 造形の結果、写真のような欠陥が発生した。この原因について、考察しなさい。

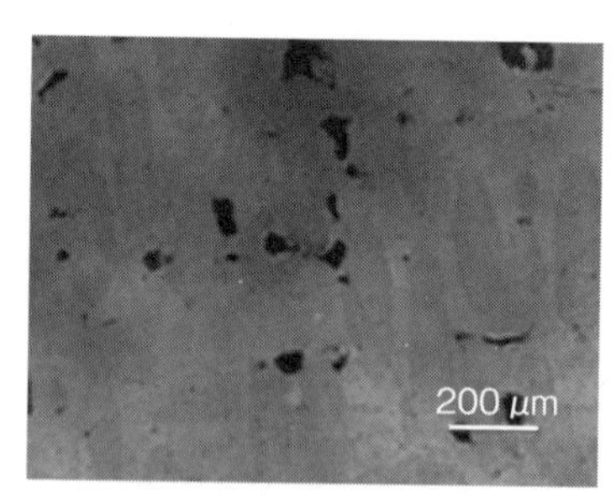

写真　欠陥発生の例

(3) 金属積層造形装置マーカーの機械的性質を示すデータシートから、現状の造形体の機械的性質について整理して、JIS規格との比較をしてみなさい。

(4) 三次元スキャナーの積層造形への適用例を調査しなさい。

参考文献

1）技術研究組合次世代3D積層造形技術総合開発機構編,「設計者・技術者のための金属積層造形技術入門」,（2016）.
2）EPMA, Introduction to Additive Manufacturing technology, A Guide for Designers and Engineers（1st ed.）,（EPMA, 2015）.
3）L. Yang, K. Hsu, B. Baughman, D. Godfrey, F. Medina, M. Menon, S. Wiener, Additive manufacturing of Metals: The Technology, Materials, Design and Production, Springer,（2017）.
4）H. Kyogoku, M. Hagiwara, T. Shinno, "Freeform Fabrication of Aluminum Alloy Prototypes Using Laser Melting", Solid Freeform Fabrication Proceedings 2010, Austin, TX（2010）.
5）C. Qiu, C. Panwisawas, M. Ward, H. C. Basoalto, J. W. Brooks, M. M. Attallah, On the role of melt flow into the surface structure and porosity development during selective laser melting, Acta Materialia 96（2015）72–79.
6）ASTM F2971-13 "Standard Practice for Reporting Data for Test Specimens Prepared by Additive Manufacturing".
7）W. Campbell, W. T. Jacobs, Overview of Fatigue and Damage Tolerance Performance of Powder Bed Fusion Alloy N07718, ASTM/NIST Workshop on Mechanical Behavior in Additive Manufactured parts, May 4, 2016.
8）N. Shamsaeia, A. Yadollahia, L. Bianc, S. M. Thompson, An overview of Direct Laser Deposition for additive manufacturing; Part II: Mechanical behavior, process parameter optimization and control, Additive Manufacturing 8（2015）12–35.
9）例えば、矢川元基編，破壊力学（培風館）.
10）京極秀樹，"金属AM技術によるものづくりの可能性と金属材料の評価"，機械材料，７月号（2017），pp. 18–24.

コラム 5

SLM　プロセスパラメータ

第 5 章で述べてきたように、造形品の品質には多くのパラメータが影響する。

図 5.1 に造形に及ぼす主なプロセスパラメータについて示したが、この元となった SLM Solutions 社のいわゆるフィッシュボーンダイアグラムを**図 5.17** に示しておく。この図に示すように、本来は非常に多くのパラメータが造形品の品質、造形時間やコストに影響を及ぼす。このため、実際の造形においては、多くのパラメータを管理しておくことが重要で、これが各社のノウハウとなる。

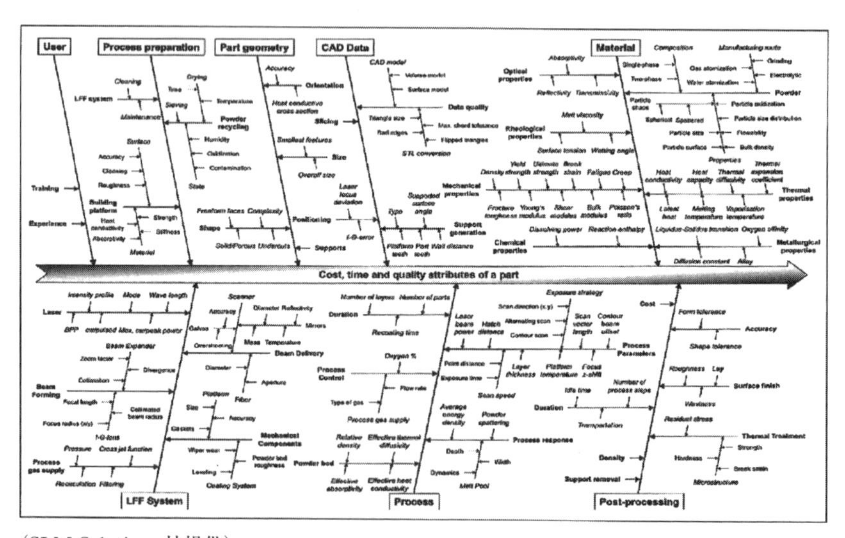

（SLM Solutions 社提供）

図 5.17　SLM　プロセスパラメータ

第6章

製品設計の考え方

金属積層造形のパウダーベッド方式では、従来の切削加工や鋳造などでは加工不可能な複雑三次元形状品を作製できるが、溶融凝固現象を伴うために、造形体の肉厚、穴径などには限界がある。また、円筒を含めてオーバーハングの形状品の製造は、サポートなどの支援によらなければ造形が難しい。本章では、金属積層造形を製品設計に活かすために必要な基礎的形状の設計法、サポート設計、トポロジー最適化やラティス構造（格子構造）の適用法などについて習得する。

6.1　基本形状の設計法[1)-3)]

金属積層造形は、各種材料の造形条件の検討および材料評価だけでなく、従来の加工法では造形不可能な形状品の造形ができることから、本技術による設計技術の確立が重要になっている。すなわち、従来の設計法とは異なる金属積層造形特有の設計法を確立することが必要である。

しかしながら、金属積層造形では粉末の溶融凝固現象を伴うために、形状によっては造形が難しく、製品の各部位の厚さや直径には限界がある。このため、本技術による製品設計の際には、どのような形状が造形できるかどうか、その性状はどうかなどを十分に把握して設計作業を行う必要がある。

このような情報は、装置性能や粉末特性により異なるために、自社のデータとして十分に把握しておかなければならない。

造形体の形状情報を得るためには、種々の試験片が提案されているとともに、各装置メーカーでも標準試験片を保有している。

SLM Solutions 社の標準試験片の造形例を**図 6.1** に示しておく。また、アメリカ標準局（National Institute of Standards and Technology；NIST）が提案している標準試験片を**図 6.2** に示す。

☆ポイント☆

- 金属積層造形特有の設計法の理解が重要
- 設計には装置性能、粉末特性の把握が必要
- 自社内でデータを蓄積させることが重要

(SLM Solutions 社提供、造形物は近畿大学が製作)

図 6.1　基本形状の造形例

現状の金属積層造形装置による、基本的なピン・板厚・穴ならびにオーバーハング形状について述べる[1),2)]。

(1) ピン・板厚・穴

①最小肉厚

現状では、0.2 mm 程度とされているが、当然造形高さに依存する。

②最小穴径

現状では、0.4 mm 程度とされている。通常、横穴の場合には、直径が10 mm 程度以下ではサポートは不要とされている（この数値については、装置・材質・造形条件に依存する）。

③最大穴径あるいはアーチ半径

横穴の径が大きくなると、オーバーハングとなりサポートが必要となる。

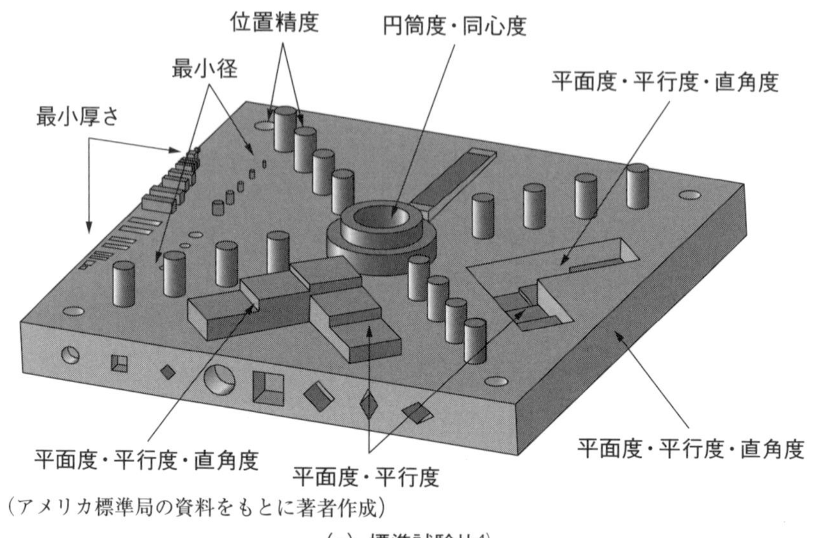

（アメリカ標準局の資料をもとに著者作成）

(a) 標準試験片[4)]

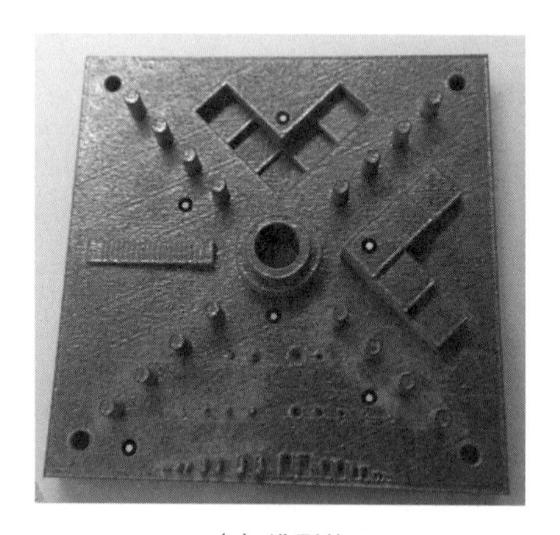

(b) 造形体

図 6.2　アメリカ標準局により提案された標準試験片および造形体

また、内部表面は造形トラックの端部となりエネルギー密度が大きくなるため、溶融凝固状況が異なり表面が荒れてくる。これが大きくなると、造形できなくなる。

④最小支柱直径

通常、最小 0.15 mm 程度である。この応用例として、他の加工法では不可能なラティス構造（格子構造）がある。

(2) オーバーハング形状

金属積層造形で問題となるのが、**図 6.3** に示すようにオーバーハングにおける造形である。これは、溶融凝固現象に由来しており、角度が小さくなると溶融部が広くなるため、**図 6.4** に示すように、アンダースキンが溶融凝固

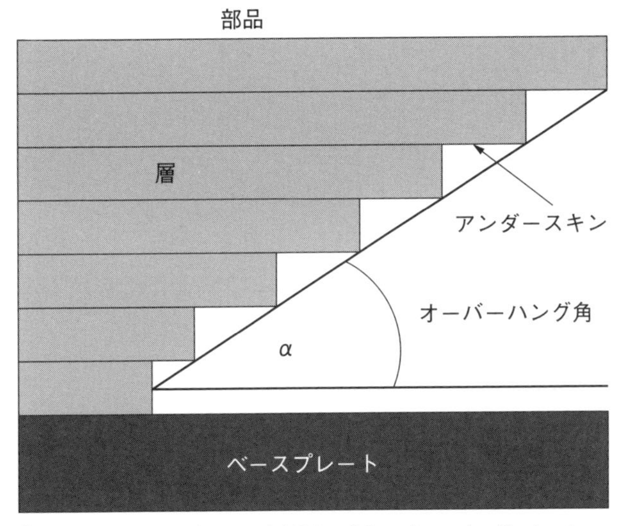

（EPMA, Introduction to Additive ManufacturingTechnology（2015）をもとに著者作成）

図 6.3　オーバーハングの例

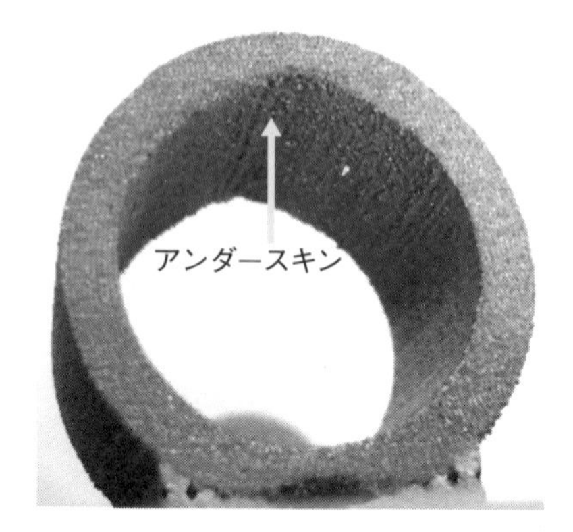

図 6.4　造形体のアンダースキンの状況

のために荒れてくるとともに変形が大きくなり、最終的に造形ができなくなる。通常、造形が難しくなる角度は 45° 程度とされているが、粉末特性や材質により異なる。このため、造形の際にはサポートの付与が必要となる。

オーバーハング部は造形体のあらゆる部分に存在するため、サポートの位置や造形姿勢を決定するための重要な指針となる。そのため、非常に重要な情報である。

☆ポイント☆

・オーバーハング部のアンダースキンは溶融凝固現象に由来して、低角度では荒れやすい
・粉末特性や材質により異なるが、通常は 45° 程度まで造形可能
・オーバーハング部はサポートの位置や造形姿勢決定の指針となる

6.2 サポート設計

金属積層造形においては、6.1 節で述べたように、オーバーハングとなる部分がどうしても出てくるために、高品質の造形体を製作するにはサポートの役割は極めて重要である。

金属積層造形におけるサポートは、樹脂の場合と異なり、造形体の変形防止だけでなく、熱流の制御の役割も担っている。

このように、サポート構造は、造形体の変形防止に重要な役割を担っているが、サポートを立てるため製品設計に制限が生じたり、サポートの除去の問題が出てくることから、自動生成のソフトウェアはあるもののかなりの熟練を伴う作業でもある。

図 6.5 に、サポートの例を示す。サポートの形状や位置については、自動で決定するソフトウェアが一般的に利用されている。しかし、サポートが過度に設置される場合も多く、必要に応じて変更が必要である。図 6.5（a）は、歯形のサポートの例で、サポートの除去を容易にしている。図 6.5（b）の例では、メッシュサポートも除去を容易にするとともに、粉末量の低減などに寄与している。

また、熱流の制御においても重要な役割を果たしており、**図 6.6** に示すように、アンダースキンが多く存在する場合には、多くのサポートが必要になる。最近では、シミュレーションによりサポートが生成されるようになっているが、適切かどうかは最終的には技術者が判断する必要がある。

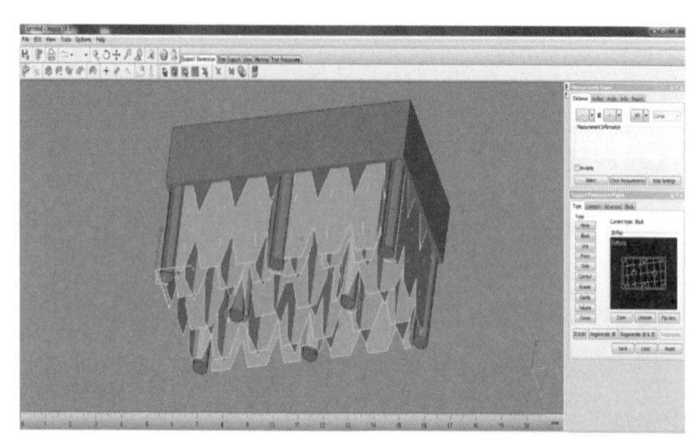

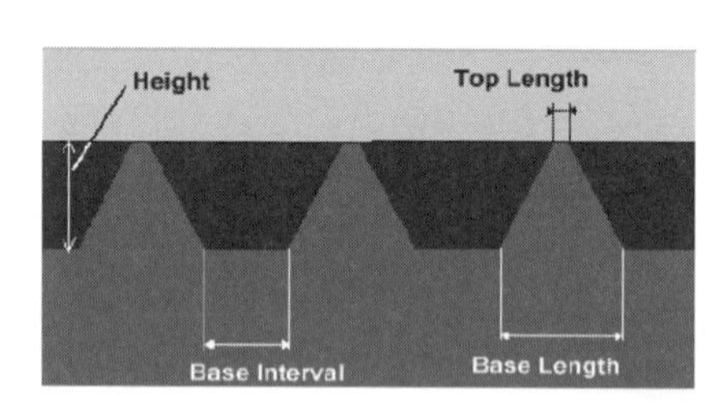

(a) 歯形サポート

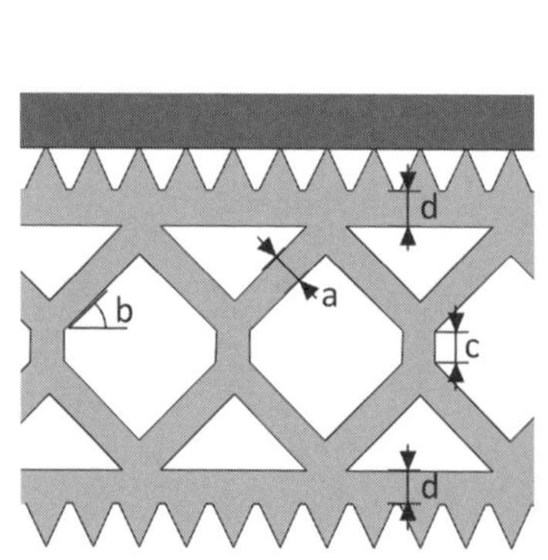

(b) メッシュサポート

図6.5 サポートの例（マテリアライズ社 Magics ソフトウェアによる例）

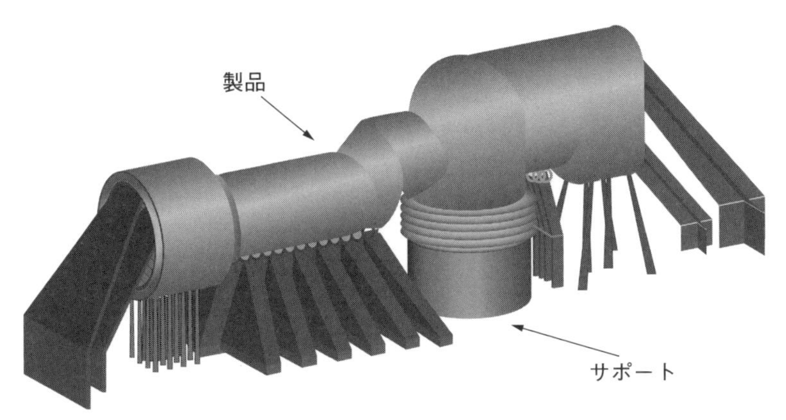

（マテリアライズジャパン提供）

図 6.6　サポートの例

☆**ポイント**☆

・サポート設計は造形体の変形防止と熱流制御を担うため重要
・シミュレーションによるサポート生成では技術者の判断が必要

6.3　トポロジー最適化[5)]

構造体の最適設計手法には、寸法最適化、形状最適化、トポロジー最適化がある。

トポロジー最適化は、対象とする設計領域を包含する固定された設計領域（固定設計領域）と固定設計領域における材料の有無を表している特性関数を導入していることから、特性関数に関する最適化問題を考えると、固定設計領域において任意の形状と形態を表現することができる。

このため、**図6.7**に示すような、従来の設計では思いつかない形状や構造を提示してくれる。しかしながら、トポロジー最適化により設計を行っても、従来の加工法では製造できないものが多くあったが、AM技術の出現により、実現可能となってきた。

最近では、種々の機能を有するソフトウェアも開発されており、次節で述べるラティス構造との連携もできるようになってきており、AM技術を利用する際には、重要な設計ツールである。

トポロジー最適化による航空機エアバスA320用部品（ブラケット）への適用例を図6.7に示す。この部品の特性を**図6.8**に示す。これから、大幅な軽量化と剛性が保たれていることがわかる。

このように、トポロジー最適化とAM技術の相性は非常によく、従来にない製品設計・製造技術となってきている。このため、AM技術の特徴を活かすためには、トポロジー最適化とラティス構造の利用が必須となっている。

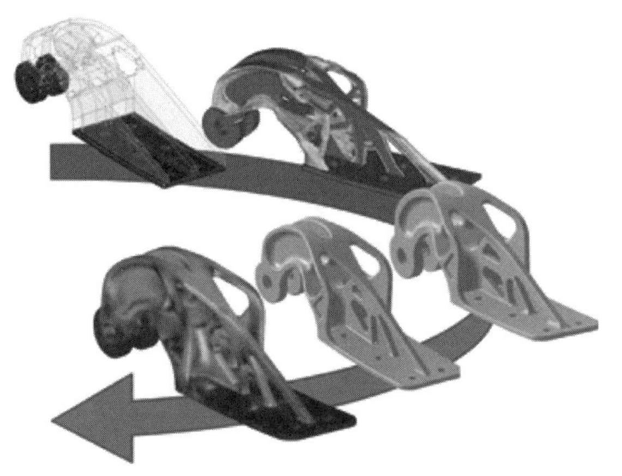

(a) トポロジー最適化

(b) 航空機エアバスA320用ブラケット
（アルテアエンジニアリング提供）

図 6.7　トポロジー設計の例

☆**ポイント**☆

・構造体の最適設計手法は寸法最適化、形状最適化、トポロジー最適化
・AM 技術にとって、トポロジー最適化は重要な設計ツール

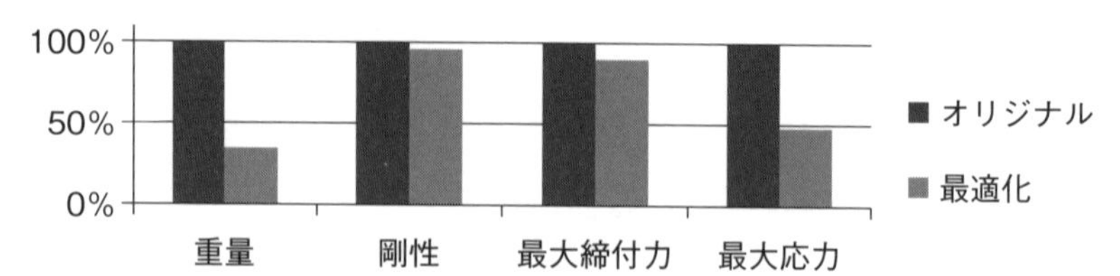

（M. Tomlin and J. Meyer, "Topology Optimization of an Additive Layer Manufactured (ALM) Aerospace Part", The 7th Altair CAE Technology Conference 2011. をもとに著者作成）

図 6.8　トポロジー最適化による航空機 A320 用ブラケットの特性[6)]

6.4　ラティス構造の適用

従来は軽量化、断熱効果、生体適合性を図るために発泡構造やハニカム構造が利用されてきたが、鋳造法や粉末冶金法などでは規則的に空隙（ポア）を形成することは難しかった。このため、十分な機能を発揮できないという課題があった。**図6.9**に金属射出成形法*による歯科用インプラントの例を示すが、ポアの大きさや分布の制御は難しいことがわかる。

これに対して、積層造形技術では非常に細かなラティス構造を形成できる

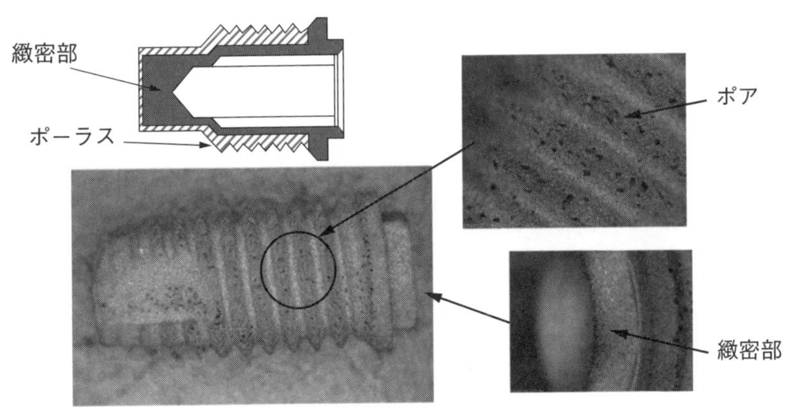

（出典：H. Kyogoku, et al., "Porous Titanium Dental Implants Fabricated Using Metal Injection Molding", Proceedings of EuroPM2012, (2012)）

図6.9　金属粉末射出成形による歯科用インプラント[7)]

＊金属射出成型法：金属粉末とバインダーを混練してペレットとし、射出成型機で成形した後、成形体を脱バインダー、焼結して製品を得る方法である。小型の精密部品を製造する方法として利用されている。Metal Injection Molding；MIM。

ため、軽量化、断熱効果、生体適合性などの機能を有効に付与できる。このため、金属積層造形技術は航空宇宙分野における軽量化部品、産業機器分野における熱交換器や医療分野のインプラントなどに適用されている。

図 6.10 に、代表的な例として立方晶と六方晶をベースとした単位格子からなるラティス構造の例を示す。

これらのラティス構造では、単位格子の構造と密度が異なることから弾性係数と圧縮強度も変化する[8)]。このように、構造を制御することにより、材料特性を制御できる。また、Zheng 氏ら[9)]により提案された超軽量・剛性を検討したダイヤモンド構造と菱面体構造の例を示す。このような複雑な三次元構造により、超軽量で剛性の高いラティス構造が得られている。

ラティス構造に関しては、市販のソフトウェアにも組込まれており、利用が可能となっている。このように、ラティス構造を利用することは、金属積層造形技術を活かす有効な手段で、従来の加工法では実現できない構造体の設計が可能となっている。

図 6.11 に Contuzzi 氏ら[10)]の提案した構造を参考に造形したラティス構造の造形例を示す[11)]。また、その試験状況と有限要素法（FEM）の解析例を**図 6.12** に示す。この構造は圧縮に強い構造となっており、最下部の格子において座屈が生じた。これは、有限要素法の解析結果とよく一致している。

図 6.13 にラティス構造を利用した航空宇宙部品の例を示す。本部品はチタン合金製で、66 %の軽量化が達成されている。

このように、ラティス構造はトポロジー最適化も含めて新たな構造を実現する。軽量かつ剛性に優れる構造材料や生体適合性を付与したインプラントなどに適用されている。

(a) 立方晶構造

(b) 六方晶構造

(c) ダイヤモンド構造

(d) 菱面体構造

図 6.10　代表的なラティス構造の例[11)]

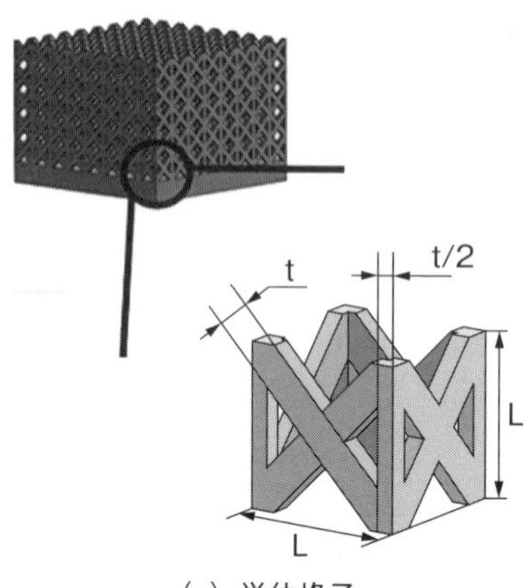

(a) 単位格子

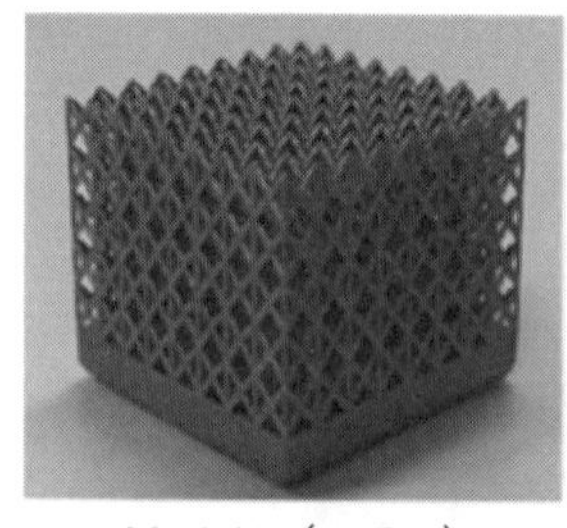

Model1 (t=0.4)

Model2 (t=0.7)

Model3 (t=1.0)

(b) 造形体

図 6.11 ラティス構造の造形例[11)]

☆ポイント☆

- ラティス構造によって軽量化、断熱効果、生体適合性が可能
- 構造を制御することで、材料特性を制御する
- 金属積層造形だからできるラティス構造

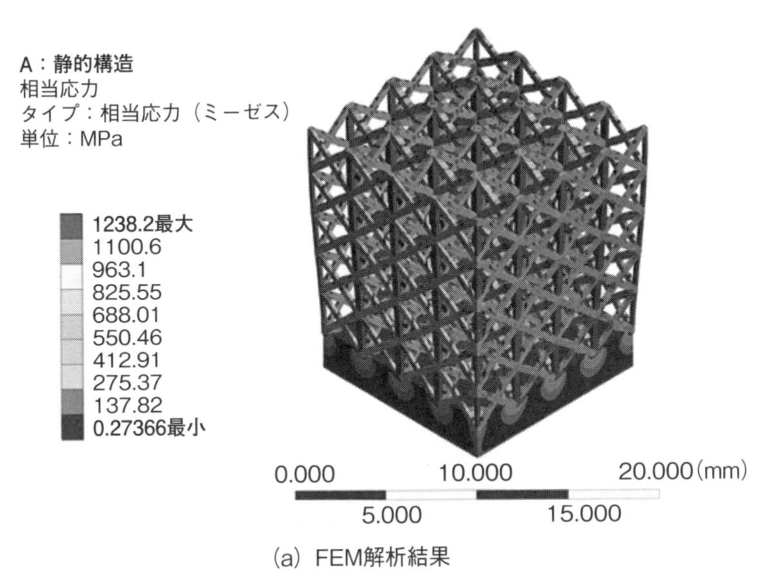

(a) FEM解析結果

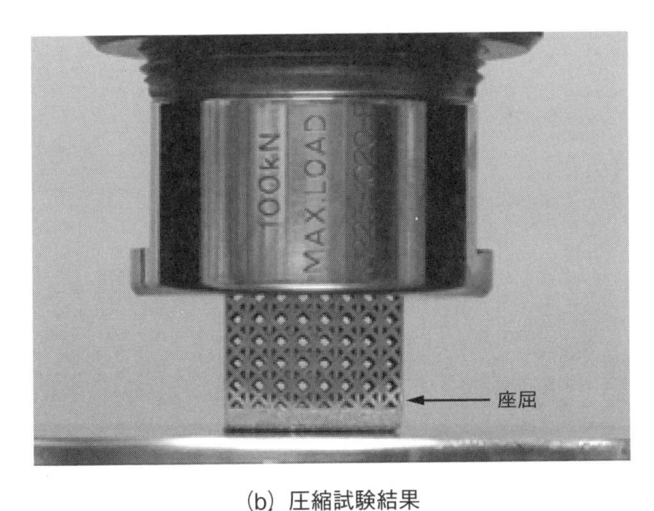

(b) 圧縮試験結果

図 6.12　FEM 解析結果および試験結果

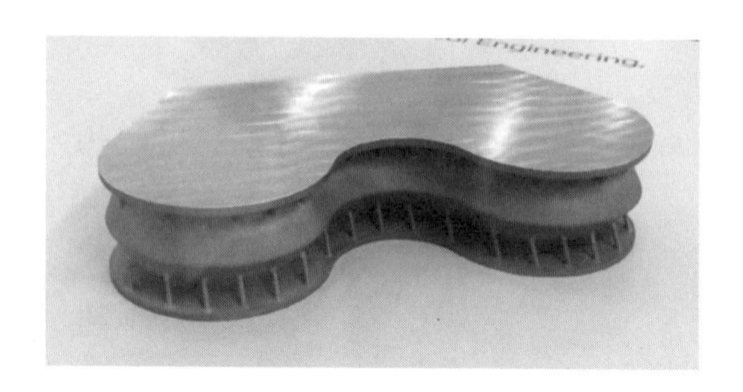

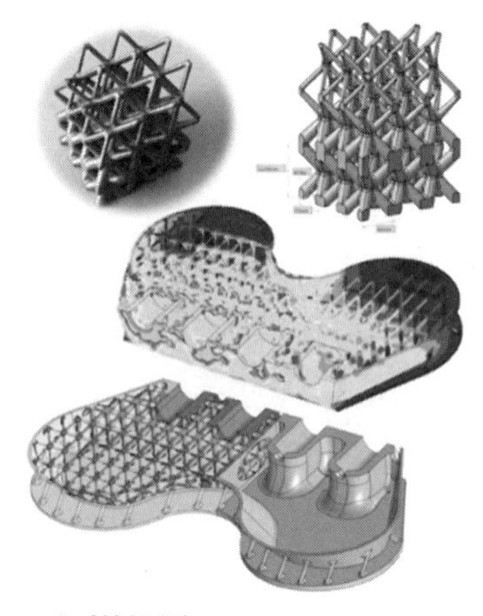

（マテリアライズ社提供）

図 6.13　ラティス構造の適用例（Titanium Inserts for Spacecraft: 66 % Lighter with Metal 3D Printing）[12]

6.5　適用例

金属積層造形による製品への適用は、航空宇宙分野や医療分野を中心に行われており、今後ますます増加するものと思われる。

また、自動車分野における試作品や産業機器分野におけるタービンブレードなどへも展開されてきている。我が国においては、機能性金型への展開も図られている。

金属 AM 製品の 2015 年から 2023 年までにおける分野別生産額の推移をみると、航空宇宙分野と医療分野の伸びは非常に大きいのに対して、自動車分野は、AM 技術は大量生産向きではないために、伸びは小さいと報告[13)]されている。

以下に、各分野に適用されている代表的な例を示しておく。

（1）航空宇宙分野

金属積層造形技術は、航空宇宙分野を中心に利用されてきている。ジェットエンジンの燃料噴射ノズルやタービンブレード、ロケットエンジン部品などへの適用が検討されている。

ジェットエンジン関連では、GE 社が積極的な取組みを行っている。ジェットエンジン（LEAP）の燃料噴射ノズル、**図 6.15** に示すようなジェットエンジンのタービンブレードなどへの適用が検討されている。

ロケットエンジン部品に関しても、アメリカ航空宇宙局（NASA）をはじめとして宇宙航空研究開発機構（JAXA）においても適用が検討されている。

航空機関連においても、コラム６で紹介するように、Airbus 社は積極的

（SLM Solutions 社提供）

図 6.15　タービンブレード

に航空機部品への適用を行っている。航空機内装部品は多品種少量の部品が多いため、AM 技術との相性が非常によい。上述したように、今後とも適用範囲が大幅に広がるものと予測される。

(2) 産業機器

産業機器分野においても、タービンや熱交換器への適用など幅広い製品への適用が検討されてきている。

軽量かつ剛性の高い製品や非常に複雑な形状製品の製造、多数の部品からなる製品の一体成形による製造時間の短縮とコスト削減など適用範囲は広い。熱交換器への適用例をみると、非常に複雑で表面にテクスチャを有する製品の製造が可能となっており、大幅な機能改善がなされる。

(3) 自動車分野

自動車分野においては、従来、切削加工や鋳造により行われているエンジン部品試作品の作製に、金属積層造形技術が活用されている。これにより製作時間の短縮とコスト削減が可能となっている。

修理部品への適用がドイツの自動車メーカーでも始まっており、今後さらに電気自動車への動きが加速し、適用分野も増えるものと予測される。

(4) 医療分野

医療分野においては各種インプラントへの適用がなされており、**図 6.16** に示すような人工股関節用臼蓋コンポーネントやひざ関節用インプラントなど種々の部位のインプラントへの適用が行われている。

(5) 金型

金属積層造形技術では、**図 6.17** に示すように、射出成形用金型において最適な冷却水管の配置、深い溝や高いリブの配置など、従来の切削加工では難しい加工が可能となる。

(帝人ナカシマメディカル提供)

図 6.16　人工股関節用臼蓋コンポーネント

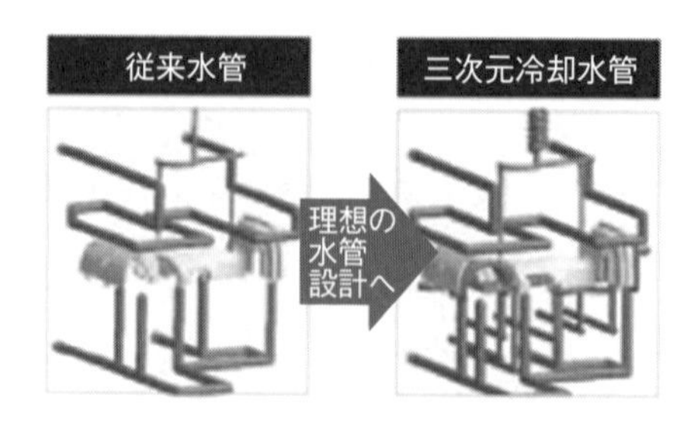

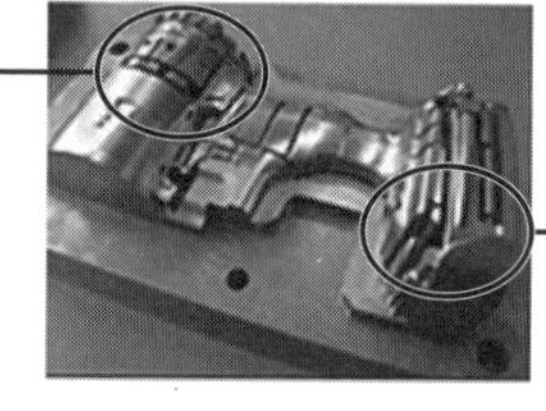
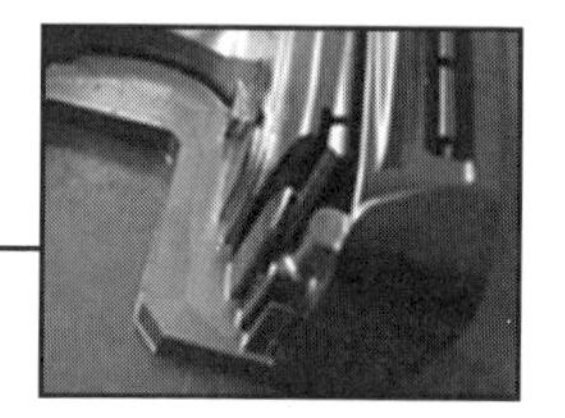

（松浦機械製作所提供）

図 6.17　機能性金型

このため、金属積層造形技術による金型を使用することにより複雑形状の製品が可能となり、サイクルタイムも格段に速くなるなど、従来の金型と比べて非常に有利である。特に、ハイブリッド型の装置が日本製であることもあり、金型製作に対しては有効な手段である。

【演習問題】

(1) 金属積層造形装置による造形限界を調べなさい。装置を保有している場合には、実際に造形を行い、造形限界を明らかにしなさい。

(2) トポロジー最適化により設計された製品に関する記事や論文を読み、その有効性、適用の限界などを考察しなさい。

(3) ラティス構造を設計あるいはデータをダウンロードして造形を行い、実際に圧縮試験を行い、その変形挙動について考察しなさい。

(4) 興味ある分野における金属積層造形技術による製品例を調査し、その特徴や有効性を考察しなさい。

参考文献

1）技術研究組合次世代3D積層造形技術総合開発機構編，「設計者・技術者のための金属積層造形技術入門」(2016).

2）EPMA, Introduction to Additive Manufacturing technology, A Guide for Designers and Engineers (1st ed.), (EPMA, 2015).

3）L. Yang, K. Hsu, B. Baughman, D. Godfrey, F. Medina, M. Menon, S. Wiener, Additive Manufacturing of Metals: The Technology, Materials, Design and Production, Springer, (2017).

4）S. Moylan, J. Slotwinski, A. Cooke, K. Jurrens, M. A. Donmez, "Proposal for a standardized test artifact for sdditive manufacturing machines and processes", Proceedings of SFF Symposium 2012 (CD-ROM), (2012).

5）西脇眞二，菊池昇，泉井一浩，「トポロジー最適化」，丸善（2013).

6）M. Tomlin and J. Meyer, "Topology Optimization of an Additive Layer Manufactured (ALM) Aerospace Part", The 7th Altair CAE Technology Conference 2011.

7）H. Kyogoku, M. Yonehara, T. Uemori, H. Nakayama, "Porous Titanium Dental Implants Fabricated Using Metal Injection Molding", Proceedings of EuroPM2012, (2012)

8）C. Beyer, D. Figueroa, "Design and Analysis of Lattice Structures for Additive Manufacturing", Journal of Manufacturing Science and Engineering DECEMBER 2016, Vol. 138/121014-1～15.

9）X. Zheng, H. Lee, T. H. Weisgraber, M. Shusteff, J. DeOtte, E. B. Duoss, J. D. Kuntz, M. M. Biener, Q. Ge, J. A. Jackson, S. O. Kucheyev, N. X. Fang, C. M. Spadaccini, "Ultralight, ultrastiff mechanical metamaterials", Science 20 Jun 2014: Vol. 344, Issue 6190, pp. 1373-1377

10）Nicola Contuzzi, Sabina L. Campanelli, Caterina Casavola and Luciano Lamberti, Manufacturing and Characterization of 18Ni Marage 300 Lattice Components by Selective Laser Melting, Materials2013, 6 (2013), pp. 3451-3468.

11）藤田瑞樹，近畿大学大学院システム工学研究科平成28年度修士論文

12）https://atos.net/en/2016/press-release_2016_10_03/atos-materialise-create-revolutionary-component-spacecraft-structures-made-metal-3d-printing

13) SmarTech Markets Publishing, Opportunities in Metal Additive Manufacturing
14) http://www.airbus.com/newsroom/news/en/2016/03/Pioneering-bionic-3D-printing.html

コラム6

Airbus社におけるバイオニックデザインによる3Dプリンティング[14]

Airbus社は、バイオニックデザインによる航空機部品の設計・製造に力を入れている。

例えば、薄くても強度があるハニカム構造をもったオオオニバスを模した構造により、軽量・高剛性のある構造体とするような設計手法を取入れようとしている（**図6.18**）。その一例として、軽量・高強度のブラケットやパーティションの導入を検討している（**図6.19、6.20**）。将来的には、植物の構造を模したような機体を持った航空機になるのかもしれない。

図6.18　オオオニバス

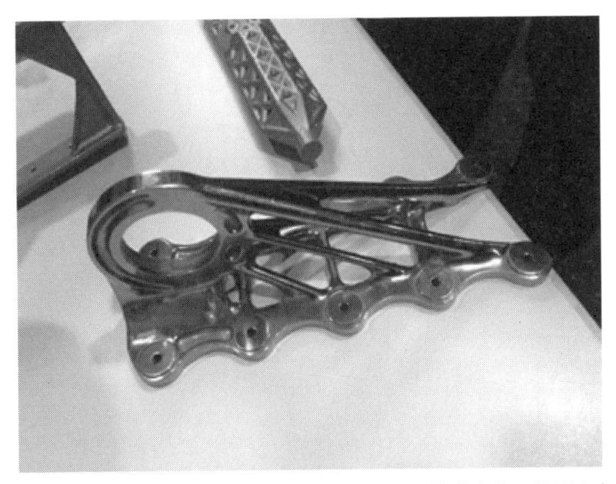

（World PM2016, Hamburg, Airbus Hamburg 社講演後の展示より）

図 6.19　Airbus A320 用ブラケット

（World PM2016, Hamburg, 展示より）

図 6.20　Airbus A320 用パーティション

終　章

次世代型3Dプリンタによる“ものづくり”

AM技術は、従来の加工法では難しい3次元複雑形状品の製造が可能であるとともに、これまで不可能だった機能を付与できる加工法であることから、新たな“ものづくり”が可能となる。このため、3Dプリンタを利用した新たな“ものづくり”のための設計・生産統合プラットフォームが構築されている。本章では、金属3Dプリンタを利用した“ものづくり”を考察する。

新たな“ものづくり”の在り方

新たな“ものづくり”においては、設計・生産・物流・販売といった一連の流れの中で、設計ではシミュレーションやトポロジー最適化、生産では3Dプリンタの活用など新たな技術が導入されたプラットフォームが構築されてきている。

ここに、IoT（Internet of Things；モノのインターネット）やAI（Artificial Intelligence；人工知能）技術が加えられ、統合生産システムを構築し、これらを連携させて新たな“ものづくり”体制へと動いてきている。その一例が、**図1**に示す“Smart Factory”を基本とした、ドイツが提唱している「インダストリー4.0」であるといえる。

【プラットフォーム構築】

■設計（CAD・シミュレーション）

■生産

・ハードウェア（工作機械・3Dプリンタ・計測機…）

・ソフトウェア（CAM・生産管理…）

■物流・販売

（IoT・ネットワーク・顧客管理システム…）

このような動きは、世界的に加速しており、我が国においても「Connected Industries」として検討され始めている。

これまで述べてきたように、いわゆる3Dプリンタの出現により、従来の加工法では不可能であった製品製造を可能とする新たな加工法が加わり、分

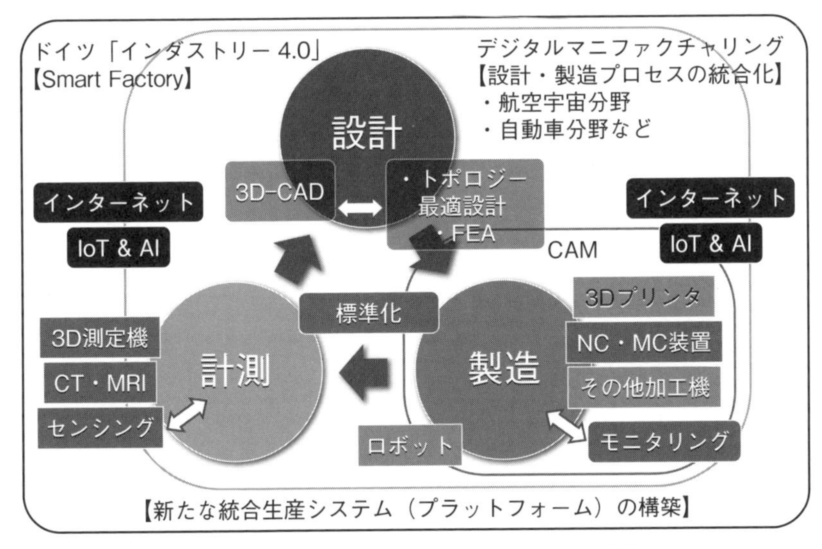

図1　3Dプリンタを中心とした次世代ものづくり

野によっては製造法だけでなく設計法も変革されようとしている。これが最も進んでいるのは、航空宇宙分野と医療分野である。これは、本技術がCADデータから直接“ものづくり”が可能なデジタルマニュファクチャリング技術であることに由来している。

このような3Dプリンタを利用した“ものづくり”をさらに推進するためには、次の点を考慮する必要がある。

① AM技術を活かす設計手法の導入

・トポロジー最適設計、ラティス構造（格子構造）の利用、各種シミュレーションを利用した新たな設計手法の導入

・標準化への対応

② AM 技術による新たな製造技術の開発

・製品対応した新たな装置開発

・新たな設計手法による製品の造形技術の確立

・計測技術の開発

・AM に相応しい材料開発

③新たな統合生産システム（プラットフォーム）の構築

・設計から生産、計測、物流・販売までを統合したものづくり技術の確立

・品質保証技術の確立

このような状況を受けて、2016 年頃から「設計生産統合プラットフォーム」の構築への動きが活発化してきている。これらはいずれも、現在メジャーな CAD ソフトを有するグループの動きで、明確なプラットフォームとしては、次の 3 つのグループとなってきている。

① SIEMENS

PLM をベースに Materialise との連携による設計・生産統合プラットフォーム構築

② Autodesk

Netfabb & WITHIN の買収による設計・製造統合プラットフォーム構築（**図 2**）

③ Dassault

3DEXPERIENCE 設計製造統合プラットフォーム構築

また、3D プリンタも含めた生産工程においては、工作機械などと同様に 3D プリンタもモジュール化・システム化してきている。その例を**図 3** に示

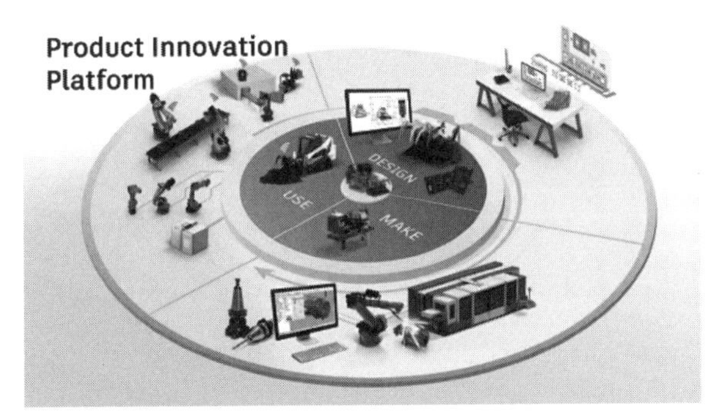

（Autodesk 社提供）

図 2　Autodesk 社のプラットフォームの構成

（シーケービー提供）

図 3　コンセプトレーザ社が提唱する AM ファクトリー

しておく。

この思想を具現化したのが、コラム 7 で紹介する GE 社の新工場であるといえる。今後、航空宇宙分野を中心にこのような形態の工場が出てくるものと思われる。

我が国においても、このような“ものづくり”革新を実現していくことが必要である。

参考文献

1）Acatech–National Science and Engineering: Final report of the Industrie 4.0 Working Group (2013).
2）京極秀樹,「三次元造形技術を核としたものづくり革命プログラムの目指すもの」, 計測と制御, 54 (2015), pp. 386–391.
3）http://www.conceptlaserinc.com/
4）https://www.mztimes-scsk.jp/archives/1147

コラム 7

GE 社の新たなものづくり戦略

2016 年、GE 社により電子ビームパウダーベッド方式の唯一の装置メーカー、ARCAM 社と、レーザパウダーベッド方式では世界第 2 位の装置メーカー、Concept Laser 社が買収された。これは、"ものづくり"、とりわけ航空宇宙分野や産業機器分野において AM 技術が極めて重要な技術となり、これに伴って装置の重要性が認識された出来事であった。

GE 社のこれまでの AM 技術に対する取組みとしては、2010 年に AM チームを結成し、2012 年にサービスビューローである Morris Technology 社と Avio Aero 社を買収し、さらに 2016 年には装置メーカーを買収して、GE Additive 社を立ち上げている。これは、AM 技術を "ものづくり" の中心においた動きであり、これらの分野における新たな "ものづくり" の拠点として、2017 年に新たな工場を開設した。

本技術は、デジタルマニュファクチャリングであることから IoT との整合性もよく、"ものづくり" 革新の重要な位置づけにある加工技術の 1 つであることを示唆している。

演習問題の解答例

【第 1 章　演習問題】

(1) 初期の金属積層造形装置と現在の造形装置の違いを明らかにし、次世代の金属積層造形装置にどのような機能が必要か考えてみなさい。

レーザパウダーベッド方式の装置の場合、初期の装置と最近の装置で決定的に違うのは、光源が CO_2 レーザからファイバーレーザになったことです。ファイバーレーザの利用により長期間安定した造形が可能となったことと併せて、ファイバーレーザではスポット径を絞れることから溶融幅が小さくなり、高精度で表面粗さのよい造形物の作製が可能になりました。そのほか、高精度のリコート構造、低酸素チャンバーなど大きく変わってきています。これらが違う点です。

今後は、製品の高精度化やマルチマテリアル化、造形の高速化、さらには品質保証のためのモニタリング・フィードバック機能の搭載、IoT との連携を強化するための装置のシステム化などが必要となります。

(2) AM 分類における 7 つのカテゴリーの装置について調査し、その特徴をまとめてみなさい。また、除去加工や鋳造などとの違いを考察しなさい。

除去加工や鋳造などとの最も大きな違いは、トポロジー最適化やラティス構造（格子構造）のような三次元複雑形状の内部構造を有する造形が可能な点です。1.2 節を参照してください。

(3) AM 技術によって作製される特徴的な製品を調査し、どのような設計思想で作られているか考察しなさい。

例えば、21ページに掲載されている図1.5（b）では、軽量かつ剛性を有する構造体とするために、トポロジー最適化やラティス構造を適用しています。Airbus社が行っているバイオニックデザインは興味深いものであり、調査する価値があると思います。

【第2章　演習問題】

(1) 造形において粉末の流動性は最も重要な因子だが、その流動性に及ぼす影響因子について述べなさい。

流動性に最も影響を与える因子としては、粉末形状、粒形、粒度分布が挙げられます。金属AMでは、球形の粉末で、粒度分布の幅の狭い粉末がよいとされていますが、各種装置の機構により異なります。特に、電子ビームでは、この条件は厳しいです。

(2) AM用金属粉末に必要な主な特性とその理由について述べなさい。

金属AMにおける粉末特性は、装置の機構により異なり、パウダーベッド方式の装置のうちホッパーで粉末を供給する方式では、流動性は極めて重要な特性です。パウダーベッド方式の装置では、これに加えて、粉末を敷き詰めるために粉末の拡がり性や充填性も高品質の造形体を作製する上で重要なテーマになっています。

(3) パウダーベッド方式における粉末の管理方法について調査・検討してみなさい。

粉末の管理においては、特に湿度対策と粉塵対策が重要です。このためには、粉末はできるだけ大気との接触を避けておきます。また、安全対策として、火災など万が一に備えて消火用砂などの準備をしておきます。詳細については、参考文献5）を参考にしてください。

(4) レーザパウダーベッド方式と電子ビームパウダーベッド方式のプロセスの違いについて述べなさい。また、使用粉末の違いについても述べなさい。

46ページに掲載されている図2.14と51ページの図2.19を参照してください。

使用粉末については、レーザの場合には、粒形45 μm以下、電子ビームの場合には、粒形45～105 μm程度の粉末が用いられています。電子ビームの方が溶融状況の違いから粒径が大きく、粒度の狭い分布の粉末が用いられます。また、電子ビームの場合には、粉末中のアルゴンガスが造形後にも残留するために、残留ガスの少ないプラズマアトマイズ粉末を利用することが多いです。

(5) レーザパウダーベッド方式の装置は多くあるが、主な装置の機能の違いを調査してみなさい。

コラムやホームページを参考にするなどして、レーザ出力、粉末の供給方式、リコート方式などに注目して調査してください。

(6) パウダーベッド方式とデポジション方式の適用分野の違いについて考察してみなさい。また、その理由を述べなさい。

パウダーベッド方式の場合には、レーザでは材質の適用範囲が広いため幅広い分野での製品に適用されていますが、電子ビームでは真空中で実施するためにチタンやインコネルなどに対して有利で、三次元複雑形状を有する航空宇宙部品やインプラントなどの医療分野の製品に適用されています。

これに対して、デポジション方式の場合には、サポートがない状況で溶融金属を積層するために、単純形状製品への適用が主流となりますが、パウダーベッド方式では難しい大型の製品への適用も可能です。

【第３章　演習問題】

(1) レーザと電子ビームにより生じる物理現象の違いを述べなさい。これによって、溶融状況がどのように違うのか考察しなさい。

レーザは光であることから表面からの熱吸収で、内部まで溶融しにくいのに対して、電子ビームは電子の流れであることから熱振動による内部発熱となるため、内部からの溶融となります。このため、メルトプールの形状は異なり、レーザの場合には表面からスパッタが生じやすいのに対して、電子ビームの場合にはスパッタが発生しにくいといった特徴があります。77ページに掲載されている表3.1を参照してください。

(2) レーザパウダーベッド方式においては、熱変形が生じやすいために走査パターンを検討することは重要である。走査パターンの違いによる変形の違いや組織の違いについて調査してみなさい。また、できる限り熱変形を防ぐ方法について検討してみなさい。

レーザを同じ方向に長く照射して造形すると変形しやすくなるため、短く照射して造形されます。また、変形防止と組織を均一にするために照射方向を変えて造形されます。面積が広い場合には、パッチの形で市松模様に造形するなど各装置により工夫されています。3.2 節を参照してください。

(3) レーザ積層造形と電子ビーム積層造形による造形体の組織や機械的特性の違いについて調査してみなさい。

レーザ積層と電子ビーム積層では、溶融形態並びにパウダーベッドの温度が大きく異なるために組織が異なり、これに伴って機械的性質も変化します。テキストに記した Ti6Al4V 以外の合金についても調べてみてください。

(4) Ti6Al4V 合金製の航空機部品を製造する場合、レーザパウダーベッド方式の装置と電子ビームパウダーベッド方式の装置のどちらを使用するか、その理由も併せて述べなさい。

一例を示します。どの部位の部品に使用するか（どのような特性が必要か）にもよりますが、Ti 合金は酸化しやすいために、例えば疲労強度が重要な場合には、酸化の少ない電子ビームを利用します。

【第４章　演習問題】

(1) 金属積層造形プロセスでの現象の解析の手法にはその場観察と数値シミュレーションがある。数値シミュレーションは大別して３つに分類されるが、それぞれを列挙し違いを説明しなさい。

数値シミュレーション方法には組織形成シミュレーション、溶融凝固シミュレーション、残留応力・ひずみシミュレーションがあり、取扱うスケール範囲と現象が異なります。

組織形成シミュレーションはサブマイクロメートルから10 μm 程度のスケール範囲で金属微細組織の形成を対象にし、造形した材料の基本的な物性についての情報を得ることができます。

溶融凝固シミュレーションはマイクロメートルからミリメートルのスケール範囲で粉体層とその基材の溶融凝固現象を対象とし、実用的には最適なレーザー照射条件を得ることが可能です。

残留応力・ひずみシミュレーションはミリメートルより大きなスケール範囲で造形体の変形を扱い、造形体のひずみの予測や造形中の変形の予測により造形の可否を判断することができます。

(2) SLM では溶融凝固現象により形成されるメルトプールの形状が不安定になる原因を挙げなさい。

メルトプールの形状が不安定になる原因は、粉体層をつくる粉体が不均一に分布していること、メルトプール内にマランゴニ対流が生じ、金属の蒸発による反跳力が働くことでメルトプール内で溶融金属の流動が起きることです。

(3) 金属積層造形プロセスでの熱変形解析をする手法を2種類挙げ、それぞれについて説明しなさい。

熱変形解析には、固有ひずみ法と熱弾塑性解析の2つの数値シミュレーションがあります。

固有ひずみ法は残留応力の発生源となる仮想的な固有ひずみを、基本的形状に対して予め見積もって用意し、実際の造形体に分布させて残留応力や変形を予測する手法です。

熱弾塑性解析は、伝熱解析と変形解析を連成させて熱変形を直接的に解く手法です。

【第５章　演習問題】

(1) 金属積層造形では、最適な造形条件を見出すことが重要である。最適造形条件を見出すプロセスを整理してみなさい。

5.2 節をまとめてください。もし、装置がある場合には、最適条件を検討してみてください。

(2) 造形の結果、写真のような欠陥が発生した。この原因について、考察しなさい。

写真からスパッタが原因による溶融不良の欠陥と溶融時の巻き込みによるガス欠陥が見られることから、レーザ出力やエネルギー密度が高い状態で造形されたと予測されます。

(3) 金属積層造形装置メーカーの機械的性質を示すデータシートから、現状の造形体の機械的性質について整理して、JIS 規格との比較をしてみなさい。

例えば、EOS 社や SLM Solutions 社のデータシートをホームページからダウンロードして整理し、JIS 規格と比較してください。

(4) 三次元スキャナーの積層造形への適用例を調査しなさい。

三次元スキャナーは、3Dプリンタとの相性がよいために、幅広い分野で利用されています。例えば、国宝の品や出土品の複製のための形状測定、各種分野の製品の形状測定などです。

【第6章　演習問題】

(1) 金属積層造形装置による造形限界を調べなさい。装置を保有している場合には、実際に造形を行い、造形限界を明らかにしなさい。

一般的な例として、6.1節に提示してあるので、参照してください。本文にもあるように、装置はもちろんのこと粉末や造形条件により異なるため、自社のデータとして保有しておくことが大事です。

(2) トポロジー最適化により設計された製品に関する記事や論文を読んで、その有効性、適用の限界などを考察しなさい。

構造最適化においては、自由度の高い、高性能の構造体を設計できますが、拘束条件や境界条件の制約を受けます。新たな方法も提案されているので、調査してみてください。

(3) ラティス構造を設計あるいはデータをダウンロードしての強度特性を検討してみなさい。装置がある場合には造形を行い、実際に圧縮試験を行い、その変形挙動について考察しなさい。

ラティス構造について、実際にCADによる設計あるいはダウンロードして、金属3Dプリンタがない場合には、樹脂用の3Dプリンタで造形してみます。圧縮試験については、造形ができない場合にはテキストあるいは論文などを参考として検討してください。

(4) 興味ある分野における金属積層造形技術による製品例を調査し、その特徴や有効性を考察しなさい。

製品を決めて、構造的に他の加工法でできないか、軽量化されても強度・剛性があるか、材質的に他の加工法では造形が難しいかなど、いろいろな視点から考察してください。

◎著者略歴

京極　秀樹（きょうごく　ひでき）

1979年愛媛大学大学院工学研究科修了、1979年広島県立呉工業試験場研究員、1989年工学博士（東京工業大学）、1993年近畿大学工学部助教授、1999年同教授、2001年テキサス大学オースティン校客員研究員、2008年〜2014年近畿大学工学部・学部長、2014年技術研究組合次世代3D積層造形技術総合開発機構プロジェクトリーダー、2015年近畿大学評議員、現在に至る。日本機械学会フェロー。

専門　金属積層造形技術、材料工学

池庄司　敏孝（いけしょうじ　としたか）

1993年東京工業大学工学部卒業、1995年東京大学大学院工学系研究科修士課程修了、1998年東京大学大学院工学系研究科博士課程修了（工学博士）、同年東京工業大学工学部助手、2006年NASA Goddard Space Flight Center客員研究員、2007年東京工業大学大学院助教、2015年近畿大学次世代基盤技術研究所准教授、現在に至る。

専門　金属積層造形技術、接合工学、航空宇宙工学

図解 金属3D積層造形のきそ　　NDC 531

2017年10月20日　初版1刷発行　（定価はカバーに表示してあります）

Ⓒ	著　者	京極 秀樹
		池庄司 敏孝
	発行者	井水 治博
	発行所	日刊工業新聞社
		〒103-8548　東京都中央区日本橋小網町14-1
	電　話	書籍編集部　03（5644）7490
		販売・管理部　03（5644）7410
	ＦＡＸ	03（5644）7400
	振替口座	00190-2-186076
	ＵＲＬ	http://pub.nikkan.co.jp/
	e-mail	info@media.nikkan.co.jp
	印刷・製本	美研プリンティング㈱

落丁・乱丁本はお取り替えいたします。

2017 Printed in Japan

ISBN 978-4-526-07755-5